# 孫子兵法『21世紀』致勝思維

【商場＆戰場双贏】

宋忠平、王思思 著

U0539412

野人

野人家　242

# 孫子兵法『21世紀』致勝思維【商場&戰場双贏】

## 從二戰、石油危機到俄烏戰爭，從SWOT分析、五力模式到情報戰，全新視角解讀千年兵家勝典【附13幅兵法心智圖】

作　　者　宋忠平、王思思

**野人文化股份有限公司**
社　　長　張瑩瑩
總 編 輯　蔡麗真
責任編輯　陳瑾璇
助理編輯　蘇鈺澐
校　　對　林昌榮
行銷經理　林麗紅
行銷企畫　李映柔
封面設計　萬勝安
美術設計　洪素貞

出　　版　野人文化股份有限公司
發　　行　遠足文化事業股份有限公司（讀書共和國出版集團）
地址：231 新北市新店區民權路 108-2 號 9 樓
電話：（02）2218-1417　傳真：（02）8667-1065
電子信箱：service@bookrep.com.tw
網址：www.bookrep.com.tw
郵撥帳號：19504465 遠足文化事業股份有限公司
客服專線：0800-221-029
法律顧問　華洋法律事務所　蘇文生律師
印　　製　博客斯彩藝有限公司
初版首刷　2025 年 4 月

有著作權　侵害必究
特別聲明：有關本書中的言論內容，不代表本公司／出版集團之立場與意見，文責由作者自行承擔
歡迎團體訂購，另有優惠，請洽業務部（02）22181417 分機 1124

中文繁體版通過成都天鳶文化傳播有限公司代理，由人民郵電出版社有限公司授予野人文化股份有限公司獨家出版發行，非經書面同意，不得以任何形式複製轉載

孫子兵法『21 世紀』致勝思維

線上讀者回函專用 QR CODE，你的寶貴意見，將是我們進步的最大動力。

野人文化官方網頁　野人文化讀者回函

國家圖書館出版品預行編目（CIP）資料

孫子兵法『21 世紀』致勝思維【商場 & 戰場双贏】: 從二戰、石油危機到俄烏戰爭，從 SWOT 分析、五力模式到情報戰，全新視角解讀千年兵家勝典 / 宋忠平、王思思作 . -- 初版 . -- 新北市 : 野人文化股份有限公司出版 : 遠足文化事業股份有限公司發行 , 2025.04
面；　公分 . -- ( 野人家 ; 242)
ISBN 978-626-7555-81-1( 平裝 )
ISBN 978-626-7555-80-4 (PDF)
ISBN 978-626-7555-79-8 (EPUB)

1.CST: 孫子兵法 2.CST: 軍事戰略

592.092　　114003050

前言

# 在現代商戰、未來戰爭中，活用《孫子兵法》

《孫子兵法》可說是每一位中文世界讀者乃至許多外國讀者都十分熟悉的古代典籍，無論是否曾背誦過，「**知彼知己者，百戰不殆**」、「**攻其無備，出其不意**」、「**不戰而屈人之兵**」等傳世名言很多人都能脫口而出。若我們追根溯源，拜訪孫武祠，會發現該祠堂對孫武的評價非常妥帖而且簡練：中國古代傑出的軍事家與軍事理論家。

軍事家，是軍事行動的實踐者，主要聚焦在戰術層面；軍事理論家，主要注重研究戰爭的內在規律和戰略，融會貫通軍事、政治、經濟等各個領域，是最佳戰略路線的謀劃者。站在歷史的角度放眼全世界，從人類開始用文字記錄歷史以來，能夠將戰爭的實踐者和戰略謀劃者兩個身分集於一身，同時其著作歷經兩千五百多年的時光仍熠熠生輝的人，除孫武外再難找到第二位。

也許有人會質疑，被譽為西方「兵聖」的卡爾・馮・克勞塞維茨（Carl Philipp

Gottfried von Clausewitz），他同樣帶過兵、打過仗，寫出享譽世界的軍事著作《戰爭論》（*Vom Kriege*，西元一八三二年首次出版），他比孫武遜色嗎？我們不應該簡單地將兩者類比。孫武大約生於西元前五四五年，曾與伍子胥大敗楚軍，直搗楚國的國都郢，也曾大敗吳軍，讓勾踐屈辱求和，可以說孫武之於吳國，是戰功赫赫、不可或缺的大將。而孫武所著「兵法十三篇」，即我們今天十分熟悉的《孫子兵法》，更是站在戰略的高度揭示了戰爭本質和謀略運用，突破了時間和空間的局限。

這正是本書出版的初衷。過去有關《孫子兵法》的研究，多半聚焦於古代戰爭案例的應用。然而，為了展現孫武思想對現代戰爭產生的跨越時空的影響，探究其長盛不衰的祕密，我們將戰爭案例限定在近現代戰爭，甚至延伸至未來戰爭。事實上，隨著時代的變化，戰場的要素發生了巨大改變，如果說過去戰場上的變數只有幾項，那麼現代戰場的變數則多達幾十項，甚至上百項。現代戰爭的型態早已超越了單純的槍對槍、炮對炮，戰場已延伸至太空領域，以及外交戰場、情報戰場，乃至看不見的電磁戰場、網路戰場。

因此，我們在選擇戰爭案例的時候，並沒有局限於某個具體的案例，而是將國與國之間的博弈、國際局勢的力量變化、影響世界格局的重要歷史事件、軍事科技的發展軌跡皆納入考量。這樣一來，讀者能以更高層次的戰略視角來理解《孫子兵法》，而不是局限於某個古代戰爭案例的應用，同時也能以全新的角度去看待當今國際局勢，以及俄烏戰爭、美俄混合戰爭、中美博弈等熱門議題。戰場局勢千變萬化，但終究有其不變的根本之道。

俄羅斯總統梅德韋傑夫（Dmitry Medvedev）曾引用《孫子兵法》中的句子，闡述俄羅斯在烏克蘭特別軍事行動的意義。《孫子兵法》在俄烏戰場上發揮了重要作用，俄羅斯軍隊和烏克蘭軍隊都在學習《孫子兵法》，甚至在俄烏戰場上還發現了烏克蘭士兵帶著的《孫子兵法》譯本。著有《戰爭與後勤》（*Supplying War*）、《軍官的教育》（*The Training of Officers*）等作品的以色列軍事學者馬丁・克里費德（Martin van Creveld）認為：「所有戰爭研究著作中，《孫子兵法》最佳，克勞塞維茨的《戰爭論》只能屈居第二。」足見國外學界對《孫子兵法》的高度評價。更有趣的是，如果我們在YouTube上搜尋《孫子兵法》的教學內容時，竟能搜出上百萬則影片，而且都是穿著西裝的西方人在講解。

事實證明，兩千五百多年過去了，《孫子兵法》不僅沒有過時，反而大放異彩。《孫子兵法》的核心理念是什麼？那就是「不戰而屈人之兵」，以威懾制止戰爭，不爆發戰爭就能解決問題才是最理想的結果。中國人愛好和平，提出了「人類命運共同體」的理念，目的就是希望避免戰爭，促進世界和平。這也是孫武先生撰寫《孫子兵法》的初衷。

英國著名軍事學者李德哈特（Liddell Hart）在《孫子兵法》英譯本序言中說：「在人類成功研製出能夠自相殘殺、泯滅人性的核武器後，我們更需要重新且更加完整地翻譯《孫子兵法》這本書。」

雖然當今世界仍不太平，但只要人類能夠堅守和平的理念，謹記孫武那句「**兵者，國之大事，死生之地，存亡之道，不可不察也**」，我們就能盡可能避免戰爭，讓中國倡導的「人類命運共同體」化為現實。

「和」是中華民族文化的精髓，也是《孫子兵法》核心思想最完美的體現。

# 目錄

## 第一章 始計篇

兵法心智圖 22
原文 24
注釋 25
譯文 25
現代戰爭應用
超越戰爭與時空，計與詭的戰術藍圖 28
◆波斯灣戰爭：科威特輕視國防，導致大戰爆發
◆瑞士「全民皆兵」：重視國防，獲得兩百多年的和平
◆埃及「戰略欺騙」：善用詭計，騙倒以色列情報機構
◆《孫子兵法》與《戰爭論》的異同與影響
商場如戰場
《孫子兵法》：世界上最早的SWOT分析 40
◆特斯拉電動車竄紅：媲美孫子，最全面的「計」

# 第二章 作戰篇


兵法心智圖 48
原文 50
注釋 50
譯文 51

現代戰爭應用
戰爭是一門「控制成本」的藝術 53
◆打得好，不如打得快：戰爭中的兩隻「吞金獸」
◆美國的戰爭經濟學：轉嫁成本的商業模式
◆希臘vs.墨索里尼：奪取物資、人力，是勝負關鍵

商場如戰場
破壞式創新：讓成本降低30%以上 62
◆ZARA快時尚：「快」，是唯一無法破解的招式

第三章

# 謀攻篇

兵法心智圖 68
原文 70
注釋 71
譯文 71

**現代戰爭應用**

戰略威懾：真正善戰的人，不戰 74
◆城市巷戰是最下策、最糟糕的戰法
◆不對稱戰爭：美軍與俄軍如何輾壓喬治亞、巴拿馬
◆知己知彼：諜戰是現代戰爭的關鍵

**商場如戰場**

抖音如何成為市場王者：
集中資源，快速進攻 86

## 第四章

# 軍形篇


兵法心智圖 90　原文 92　注釋 92　譯文 93

現代戰爭應用

**福克蘭戰爭：**
**為什麼阿根廷準備萬全，還是挫敗？** 96

◆以色列一場豪賭，贏得四倍領土！
◆戰略核武器：核導彈 vs. 鑽地彈的較量
◆星際戰爭：從《孫子兵法》解讀「制天權」

商場如戰場

**華為的戰略高地：**
**先追求不敗，才追求勝利** 109

# 第五章　兵勢篇


兵法心智圖 114
原文 116
注釋 117
譯文 117

現代戰爭應用
勝負關鍵在於「體制」：從甲午海戰到鷹爪行動 119
◆聯合作戰：美軍與俄軍的勝利方程式
◆三三制：坦尚尼亞奇兵戰術
◆善戰者，善於在戰場上「造勢」

商場如戰場
亞馬遜如何用Kindle打造第二曲線？ 131

第六章

# 虛實篇。


兵法心智圖 136　原文 138　注釋 139　譯文 140

**現代戰爭應用**

**帝國墳場阿富汗：塔利班是虛實戰術王者** 143

◆讓蘇聯解體，連川普都挫敗

◆過時技術如何化為戰場優勢？

**商場如戰場**

**賈伯斯的「藍海戰略」** 153

◆太陽馬戲團：以低成本撬動高品質娛樂

# 第七章

# 軍爭篇


兵法心智圖 158
原文 160
注釋 161
譯文 162

現代戰爭應用
曼哈頓計畫：繞「彎路」，卻贏更快 165
◆科索沃機場突襲戰：俄軍如何以最小代價改變戰略格局？
◆數據鏈獵殺：車臣領導人之死
◆以迂為直：中東和解的背後力量

商場如戰場
阿里巴巴的獎勵魔法：股權激勵、創新創業雙引擎 176

第八章

# 九變篇


兵法心智圖 182　原文 184　注釋 184　譯文 185

現代戰爭應用

解密全球兵役制度：「九變」的基礎在於用兵 187

◆不同地形的開戰策略

◆優點可能讓你喪命：卡斯楚與美國中情局的對決

商場如戰場

專注於「不變」，才能在變局中穩立 199

## 第九章　行軍篇

兵法心智圖 204
原文 206
注釋 207
譯文 208

**現代戰爭應用**

**地形的博弈：越戰叢林迷宮、阿富汗高原陷阱** 212

◆美軍閃電戰公式：科技武器搭配平原、盆地

◆日軍如何用謙遜掩藏侵略計畫？

**商場如戰場**

**海底撈的「子弟兵」管理術** 223

## 第十章　地形篇


兵法心智圖 228
原文 230
注釋 231
譯文 231

現代戰爭應用
看《孫子兵法》如何解讀現代戰場地理 235
◆阿拉伯聯軍的敗局啟示：將領才能決定勝負
◆現代情報戰：從三維到四維的戰場新思維

商場如戰場
從華為到次貸風暴：管理者的職業道德是關鍵 245

## 第十一章 九地篇

兵法心智圖 250
原文 252
注釋 254
譯文 255

現代戰爭應用

現代地緣政治中，九大地勢的求生之道 260
◆地形一：散地，爆發在本土的戰爭
◆地形二：輕地，「戰略縱深」決定成敗
◆地形三：爭地，兵家必爭之地「蘇伊士運河」
◆地形四：交地，中、俄「戰略巡航」
◆地形五：衢地，土耳其操縱美、俄
◆地形六：重地，二戰德軍慘敗
◆地形七至九：圮地＋圍地＋死地，拚死戰鬥才能生存
◆一體化作戰：如同交響樂的獵殺行動
◆消息封鎖得越嚴密，獲勝機率越高

商場如戰場
《孫子兵法》中的企業布局戰略 275
◆STP分析：OPPO手機如何掠奪低價市場

第十二章 火攻篇
兵法心智圖 280
原文 282
注釋 282
譯文 283

現代戰爭應用
烈火戰術：古今火攻的致命升級 286
◆大雪改變一切，「齊柏林飛船」任務失敗
◆氣象武器：改變氣象，就能改變戰爭結局

商場如戰場
美國貝爾實驗室：
從電晶體到太陽能，如「火攻」一般的顛覆式創新 293

第十三章 用間篇

兵法心智圖 298
原文 300
注釋 301
譯文 301
現代戰爭應用
有效運用間諜，成為戰爭中的「先知」 304
◆全球四大情報機構：沒有情報，哪來勝仗？
◆間諜鞋底藏玄機？蘇聯奇葩情報術大曝光！

商場如戰場
日本綜合商社的情報策略：高效篩選資訊 315
參考文獻 318

# 第一章

# 始計篇

## 瑞士vs.科威特：越重視備戰的國家，越和平

《孫子兵法》開篇就強調戰爭的重要性——

國家必須重視戰爭，才能存續。

在本章中，我們將從備戰的角度，

檢視為何有的國家能享受百年和平？有的卻步向衰退甚至覆亡？

- 未戰而廟算勝者
  - 以此知勝負
    - 五事
      - 道 — 上下同生共死
      - 天 — 天時
      - 地 — 地利
      - 將 — 智信仁勇嚴
      - 法 — 軍備
    - 七計
      - 主 — 有道否
      - 將 — 能否
      - 天地 — 得失
      - 法令 — 嚴弛
      - 兵眾 — 強弱
      - 士卒 — 練否
      - 賞罰 — 明否
  - 兵者，詭道也
    - 能而示之不能
    - 用而示之不用
    - 近而示之遠
    - 遠而示之近
    - 利而誘之
    - 亂而取之
    - 實而備之
    - 強而避之
    - 怒而撓之
    - 卑而驕之
    - 佚而勞之
    - 親而離之

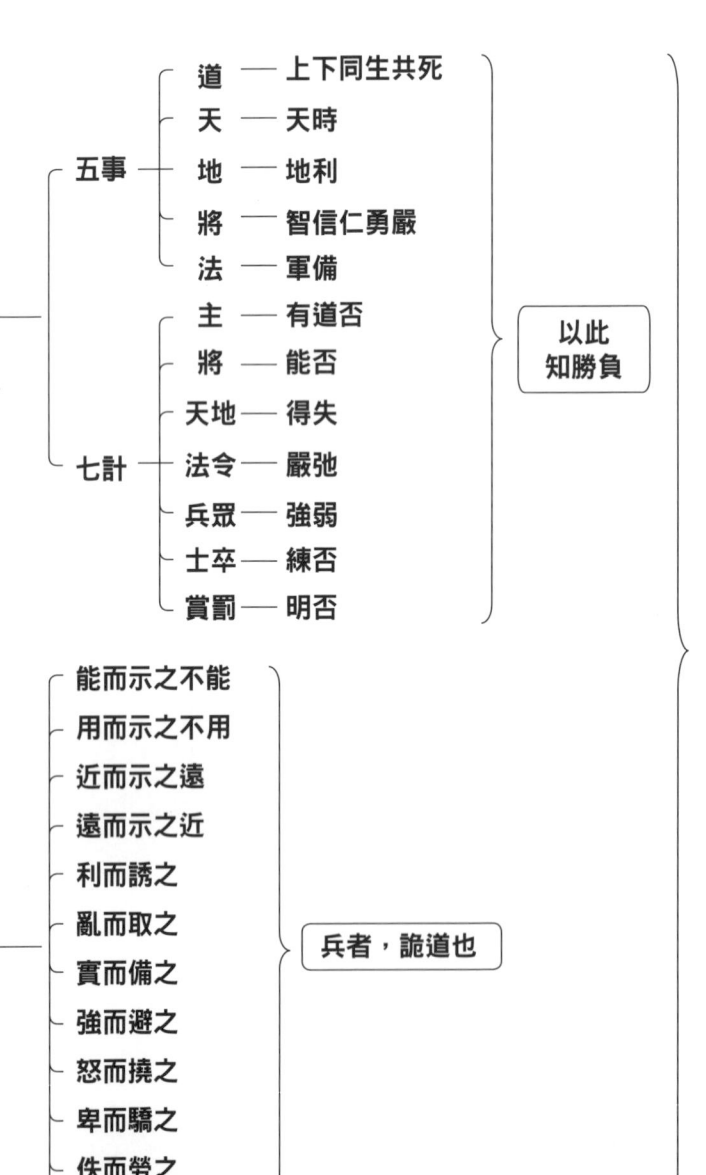

## 〈始計篇〉兵法心智圖

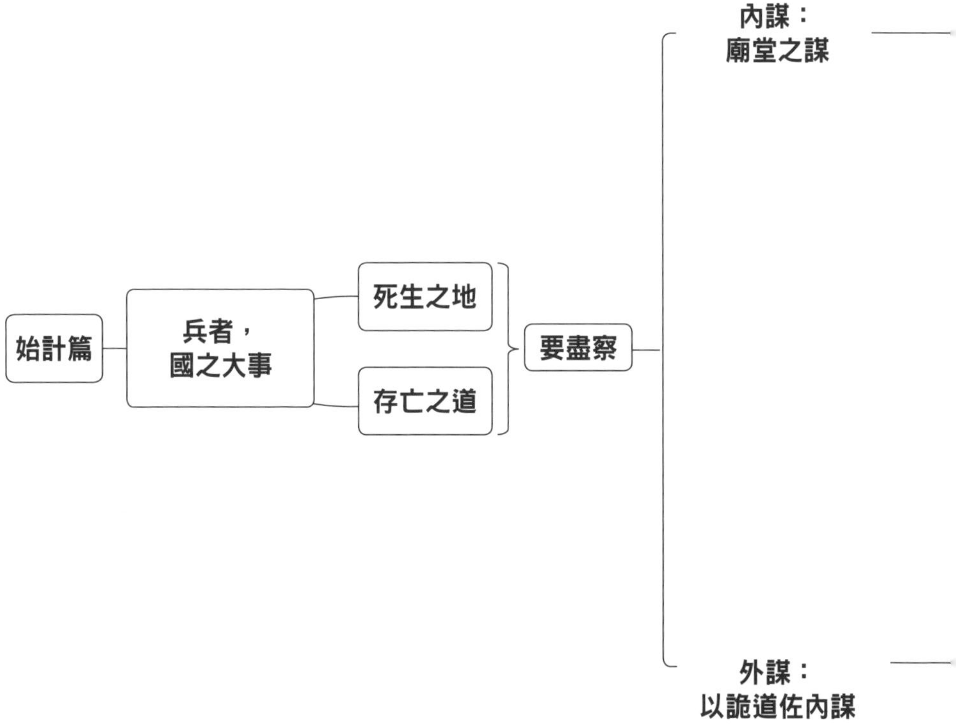

## 〈始計篇〉原文

孫子曰：兵者，國之大事，死生之地，存亡之道，不可不察也。

故經①之以五事，校②之以計③，而索其情：一曰道，二曰天，三曰地，四曰將，五曰法。道者，令民與上同意也，故可以與之死，可以與之生，而不畏危；天者，陰陽、寒暑、時制也；地者，遠近、險易、廣狹、死生也；將者，智、信、仁、勇、嚴也；法者，曲制、官道、主用也。凡此五者，將莫不聞，知之者勝，不知者不勝。

故校之以計，而索其情，曰：主孰有道？將孰有能？天地孰得？法令孰行？兵眾孰強？士卒孰練？賞罰孰明？吾以此知勝負矣。

將聽吾計，用之必勝，留之；將不聽吾計，用之必敗，去之。

計利以聽，乃為之勢，以佐其外。勢者，因利而制權④也。兵者，詭道也。故能而示之不能，用而示之不用，近而示之遠，遠而示之近，利而誘之，亂而取之，實而備之，強而避之，怒而撓⑤之，卑而驕之，佚而勞之，親而離之。攻其無備，出其不意。此兵家之勝，不可先傳也。

夫未戰而廟算勝者，得算多也；未戰而廟算不勝者，得算少也。多算勝，少算不勝，而況於無算乎！吾以此觀之，勝負見矣。

## 注釋

①經：縱線。古代人在織布的時候，會先以縱線（直線）為主，之後才加緯線（橫線），所以用「經」代指主要的事物。此處有綱領、主線的意思。

②校：通「較」，較量，比較。

③計：計算，在此語境中，有估計的意思，而非計謀的「計」。

④權：原意為秤錘，會隨著秤重物體的輕重不同而移動，引申為機動、機變之意。

⑤撓：干擾，擾亂。此處有使對方心煩意亂，無法發揮力量之意。

## 譯文

孫武說，戰爭是國家的頭等大事，一國的存亡皆繫於此，一定要慎重、周密地加以分析和研究。

因此，必須將決定戰爭勝敗的五個因素作為核心，評估並比較雙方的優劣勢，藉此掌握更詳細的戰爭形勢。這五大因素分別為：一是政治，二是天時，三是地利，四是將帥，五是法治。

政治，就是讓百姓和君主目標一致，能夠同心同德，同生共死，不畏艱險。

天時，指的是晝夜交替、陰晴變化、寒暑等季節天候。

地利，指地勢高低、路程遠近、地形險要或是平坦、戰場廣闊或是狹窄、死路一條還是存在生路……等地理條件。

將帥，就是指軍隊將領是否足智多謀、賞罰分明、關愛下屬、勇敢果斷、嚴於律己。

法治，則是軍隊的組織編制、將領軍官的管理、軍需軍械的掌管等情況。

軍隊將領要深刻了解這五大因素，能夠充分掌握就容易獲勝；反之，就很難取勝。同時，必須透過比較雙方的優劣勢來預測戰爭的勝負，例如：哪一方的君主更開明，能夠贏得民心？哪一方的將領指揮更高明？哪一方占據天時地利？哪一方能夠嚴格執行法令？哪一方裝備更精良，資源更充足？哪一方的士兵更訓練有素？哪一方的賞罰更公正嚴明？透過比較，我就可以判斷戰爭的勝負。

如果君主能夠聽從我的計畫並按此執行，就必然會取得勝利，我會選擇留下；如果君主不接受我的計畫，那麼即使任用我，也一定會失敗，我會選擇離開。

若君主能聽從我的利弊分析，採納我的意見，就能在戰場外創造出優勢。所謂優勢，就是根據有利條件取得戰爭中的主動權。

在戰場上，用兵要講究詭詐。如果能力強大，要裝作無能；如果準備攻打，要裝作無意出擊；近的地方要讓敵人以為很遠，遠的地方則讓敵人以為很近；敵人貪圖利益，就誘之以利，然後消滅他；當敵人陷入混亂，就乘機攻打他；若敵人準備充分，就要嚴陣以待提防他；若敵人強大，就要避其鋒芒，不與之正面衝突；可以透過激怒敵人來干擾他的判斷；透過放低姿態示弱使對方驕傲自滿；若敵人精力充沛，就設法使他們勞累；若敵人內部融洽，就要設法挑撥離間。進攻敵人沒有防備的地方，在敵人沒有預料的時候發起行動。這些都是軍事家獲勝的訣竅，必須隨機應變，根據實際情況靈活調整策略，不能僵化地按照自己預設好的戰場形勢來行動。

如果在戰前推算時認為能夠勝利，說明獲勝條件充足；如果在戰前推算時認為不能獲勝，說明獲勝條件不足。在雙方條件相當的情況下，計畫更周詳的一方勝算較高，反之另一方則勝算較低，更何況是完全不計算的一方呢？透過這些觀察，我就可以預見勝敗了。

現代戰爭應用

# 超越戰爭與時空，計與詭的戰術藍圖

戰爭，摧毀文明，也塑造文明。

在人類文明的歷史長軸上，每一場留下深刻痕跡的戰爭，無論是過去、現在，還是未來，都不斷地塑造著我們的世界。

約兩千五百年前，中國正值春秋末期，這一時期的華夏文明可說是和戰車綁在一起，滾滾前進的。如果我們把目光從東方移向西方，也會發現文明同樣與戰爭緊密相連，相互交織。

就在這一時期，有一個小部落在短短幾十年間迅速崛起，擴張為橫跨歐亞非的「波斯帝國」。僅半個世紀後，波斯的「不死軍團」在馬拉松平原與古希臘重裝步兵正面交鋒，並在箭雨中決定了世界文明的發展格局。當希臘人打破了波斯人不可戰勝的神話時，無論是勝利者還是戰敗者，他們都尚不知曉世界上最早的軍事著作《孫子兵法》

已在東方誕生，獨立的軍事理論已悄然創立。如果當時西方世界能衝破地域和文化的局限，細細研讀東方的戰爭智慧、兵家寶典，也許人類文明的腳步會開啟另一番天地。

當然，歷史無法假設。

雖然《孫子兵法》成書於春秋末期，但當我們認真分析古代、近代或現代戰爭的勝負原因時，總能在《孫子兵法》中找到超越勝負的智慧和答案。孫武的戰略思想如同空氣般，貫穿於古今中外的每場戰爭之中。

**《孫子兵法》共十三篇，從國家與戰爭的關係談起，開篇即指出戰爭的重要性——「兵者，國之大事，死生之地，存亡之道，不可不察也」，即國家如果不重視戰爭，不重視對戰爭的研究和準備，就會危及國家的生存和發展。**

與其說《孫子兵法》是一本兵書，不如說這本書講述的是超越戰爭和時代的哲學，關乎生死存亡的智慧。這是孫武的偉大之處，他將戰爭思維昇華至國與國之間的戰略較量。

當我們穿越約兩個甲子（一百二十年）的煙雲，來到一八九四年，你會看到中國近代史上最屈辱的一幕正鮮活地詮釋孫武的「存亡之道」。清政府將「**兵者，國之大事**」掩蓋在天朝上國的美夢之下，在軍事建設上短視而吝嗇，導致號稱「世界第七、亞洲第一」的北洋水師在開戰前竟仍缺少彈藥，戰場勝負也就不言而喻。而甲午戰爭——這場改變了兩個東方國家命運的海戰，讓日本一戰而起，讓清朝在艦毀人亡的同時，將中華民族推入空前嚴重的政治、經濟危機，大幅加深了中國社會的半殖民地化程度。

正如孫武所言，一國的生死存亡完全繫於戰爭，縱橫千年，國家因不重戰而步向衰退甚至覆亡的例子，比比皆是。然而，理解歷史的教訓並不難，但能汲取其中智慧的人卻很少，因此類似的悲劇不斷上演。

## 波斯灣戰爭：科威特輕視國防，導致大戰爆發

科威特，一九八九年石油探明儲量居世界第四，是當時世界上人均收入最高的國家之一。這樣富庶的國家，卻在軍事投入上極為吝嗇。伊拉克入侵之前，科威特僅約有兩萬名士兵，坦克二十七輛，火炮和火箭發射器九十門（架），攻擊直升機十八架，這就是科威特當年的全部「家當」。

在阿拉伯語中，科威特是「小城堡」的意思，但這個富裕而不強大的國家遠遠沒有城堡那般堅固，反而像茅草屋一般，脆弱得一觸即潰。一九九〇年八月二日凌晨兩點，覬覦科威特財富已久的伊拉克動員十四個師，總兵力十多萬人，突然大舉入侵。科威特軍隊還來不及動員軍隊有效抵抗，就迅速被伊拉克軍隊突破邊防線。伊軍僅用了約十四小時，即占領了科威特首都科威特城，第二天占領科威特全境。

這也引發了歷史上第一場高科技現代化戰爭——波斯灣戰爭。一九九一年一月十七日，以美國為首的多國部隊出動數百架飛機轟炸伊拉克，波斯灣戰爭正式爆發。歷經八年兩伊戰爭洗禮和煎熬的伊拉克，其表面的強悍用來對付科威特雖綽綽有餘，但在面對美國的絕對壓倒性優勢時，伊軍各類目標在美軍高度精準打擊武器的攻擊下，變成散落在「死亡公路」（Highway of Death）上的廢鐵和殘骸，同時也讓蘇聯製武器失去了昔日的輝煌。

第一次波斯灣戰爭（一九九一年一月十七日至一九九一年二月十八日）歷時雖短，但帶給了伊拉克、科威特，乃至全世界非常巨大的衝擊和影響。

在現代戰爭背景下，軍力落後、科技落後的國家只能被動挨打。波斯灣戰爭暴露出中東地區大多數國家擁有豐厚財富，但卻軍力弱小的「致命缺點」。一位科威特人感慨道：「連國家都保不住了，石油、美元又有什麼用？」這不僅反映了被侵略者的無奈，也道出了波斯灣國家普遍的隱憂。

為了保衛國家安全，抵禦外來侵略，各國必須加強軍事實力，發展軍事工業。因此，增強軍備，購置新式武器，甚至不惜血本加強國防，成為波斯灣國家的新國策；同時，這樣的策略也讓美國軍火商賺得盆滿缽滿。如果一個國家只能透過經歷血腥和殘酷的戰火洗禮才悟出「**兵者，國之大事**」這個道理，就會像科威特一般珠焚玉碎、千瘡百孔，難以重現往日輝煌。

## 瑞士「全民皆兵」：重視國防，獲得兩百多年的和平

與科威特形成鮮明對比的是瑞士。

這個國家奇蹟般地躲過了兩次世界大戰的浩劫，兩百多年來都沒有經歷戰爭。究竟是什麼原因讓鄰近義大利、法國、德國等國，身處歐洲南北要衝的瑞士免於戰火塗炭，享受和平？

「我們隨時都在準備打仗」，這是瑞士的答案。

雖然身處於和平的環境，但瑞士極其重視國防建設，一直都沒有停止備戰。「全民皆兵」、「武裝中立」這一基本國防政策一直延續至今。一九七一年，瑞士制定了「總體防禦」（general defense）的軍事戰略，並將其稱為「刺蝟戰略」。這種戰略就像是不會主動進攻的刺蝟，一旦感受到危險就會豎起渾身的尖刺，使敵人無法得逞。

瑞士正如一隻充滿鬥志的刺蝟。第二次世界大戰時期，被強鄰包圍的瑞士只有四百萬人口，卻在短時間內集結了超過五十萬人的軍隊。面對這樣一個渾身是刺的對手，原本想狠咬瑞士一口的德國，權衡利弊後還是放棄了攻擊。

瑞士到底有多重視戰爭和國防？

我們先來了解瑞士的兵役制度，這在全球堪稱獨一無二。瑞士實行民兵制，現役

編制兵力十四萬人，有陸、空軍兩個軍種。

瑞士規定，所有二十到三十四歲身體健康的男性公民都必須服兵役，服役人員一生中參加軍事訓練的時間共計兩百八十天。瑞士獨特的兵役制度使其在戰時可動員數十萬受過正規軍事訓練的民兵參與作戰。

在增強國防教育方面，瑞士同樣用心良苦。瑞士政府認為，培養公民的國防意識是一項長期任務，必須將其融入每一位瑞士人的血液。為此，瑞士政府透過媒體向全民介紹國家安全局勢、國防戰略等，營造全社會都關心國防的氛圍。同時，瑞士還特別注重青少年的國防教育，激發學生愛國主義情懷，提前為入伍奠定堅實基礎。

無論是國防建設或物資準備、兵力籌備，瑞士都精心部署。因此，我們並不難理解為什麼其他虎視眈眈的國家都不敢輕易招惹將「重戰」這一戰略思想貫徹到底、融入骨血的國家。

我們可以看到，孫武的重戰思想跨越兩千五百多年到今天仍然意義深遠，甚至更加重要。它時刻警醒著我們，重視戰爭、研究戰爭、準備戰爭。不過，很多讀者或許會感到疑惑，在戰爭形態已發生劇變的今天，成書於丘牛大車、甲冑矢弩時代的《孫子兵法》，還能在現代戰爭中占據一席之地嗎？

## 埃及「戰略欺騙」：善用詭計，騙倒以色列情報機構

讓我們先把時間拉回到五十多年前的中東戰場。「**兵者，詭道也**」，戰爭亦是一種「欺騙的藝術」。

善用謀略，善於「欺騙」，不僅能讓強者更強，也能幫助弱者創造奇蹟。如孫武所言，如果開戰前能最大限度地掩飾己方的戰略企圖，迷惑敵人，使之做出錯誤的判斷，就等於掌握了極其重要的獲勝手段。

一九七〇年代，軍備相對落後的埃及、敘利亞等國將兵者的「詭道」貫徹到底，成功迷惑了擁有明顯軍力優勢的以色列，在第四次中東戰爭，即「贖罪日戰爭」中初戰告捷。究竟弱者是如何迷惑強者，騙過以色列無處不在的情報人員，並使其最終不得不歸還之前占領的西奈半島的呢？

被以色列占領西奈半島到戈蘭高地大片土地的埃及和敘利亞明白，想要成功復仇、占得先機，必須讓以色列措手不及。為此，他們制定了一系列「戰略欺騙」手段，其中的重頭戲包括：拖延以色列戰爭動員時間、誘使以色列情報機構做出錯誤判斷。

首先，埃及和敘利亞透過政治活動混淆視聽。本著「**能而示之不能，用而示之不用，近而示之遠，遠而示之近**」的詭道原則，讓以色列做出埃及、敘利亞不會出兵的

錯誤判斷。一方面，當時的埃及總統沙達特（Anwar Sadat）頻繁訪問沙烏地阿拉伯、卡達、敘利亞，表面上看是進行正常的外交活動，但事實上這些外交訪問只是迷惑以色列的幌子，埃及真正的目的是與敘利亞閉門磋商開戰事宜；另一方面，埃及的外交官也不放過任何一個機會，在各種場合高唱和平。

其次，埃及切斷了以色列的情報活動耳目。埃及政府第一個要對付的，就是以色列和美國的情報人員。例如，一位在埃及進行情報活動的日本武官突然捲入交通事故，他的汽車與另外一輛汽車相撞，在爭吵中慘遭毒打，不得不住進了醫院。

最後，埃及在軍事部署上製造假象。在戰略欺騙中，兵力部署是最難完全隱瞞的部分，那麼埃及要如何瞞天過海？事實上，他們只能盡力「忽悠」。埃及在兵力部署方面，以「解放23號」演習作為掩護，削弱以色列對他們的軍事行動的疑心。此外，埃及還花了三千萬英鎊在蘇伊士河西岸建起高高的沙石堤岸，表面上是為了防備以軍的攻擊，實際上是為隱蔽坦克和炮兵集結。

隨著以色列人逐漸掌握了埃軍的動向，戰略欺騙被看穿的可能性也越來越高。然而，出人意料的是，當時非常孰悉埃軍的以色列軍情部負責人亞里夫（Aharon Yariv）被撤職，接任的伊萊·澤拉（Eli Zeira）堅信埃及絕不可能發動戰爭。他的理智被主觀俘虜，因此成為了改變戰局的關鍵槓桿，使得強者盲目、弱者變強。事實上，戰前以色列軍情部一位研究員提交了評估報告，指出埃及在蘇伊士運河沿岸的部署和演習都是為了掩護真正的渡河作戰，面對觸手可及的真相，這位研究員的上級選擇了無視這一警告。

因此，戲劇性的一幕發生了：就在埃敘軍隊進攻前幾小時，伊萊・澤拉還在記者會上大談以色列陣地堅如磐石。此時的他絕對想不到，再過一會兒蘇伊士運河西岸將有四千門埃軍大炮一齊轟鳴，一千艘橡皮艇運送著全副武裝的士兵渡過運河，三百多架戰機發出怒吼衝向戈蘭高地，敘軍坦克越過壕溝，以軍多個堅固據點將落入他國之手。孫武「**兵者，詭道也**」的戰略思想，在「贖罪日戰爭」中體現得淋漓盡致。

邱吉爾說：「人類的歷史就是戰爭史。除了短暫和不穩定的片刻，世界上從來沒有真正和平過。」無論是過去還是現在，不管戰爭的樣式、形態如何變化，基本的規律始終未變。如果缺乏正確的戰略思想來指導戰爭，結果很可能為某個國家，甚至多個國家帶來難以承受之傷。正如美國戰略研究專家柯林斯（John M. Collins）對第一次世界大戰的評價，指出這是一場戰略思想落後於技術發展的災難，也是人力物力的浩劫。

我們仔細研讀《孫子兵法》就會發現，孫武對戰爭有極其深刻的認識，他的哲學觀念與現代戰爭息息相關。無論是戰略層面的哲思，還是在戰爭中必須考慮的問題和所受的限制，都超越了時代的局限。正因如此，《孫子兵法》對東西方的軍事理論研究產生了重要影響，成為全世界軍官，乃至每一位普通人的必讀書單。

## 《孫子兵法》與《戰爭論》的異同與影響

《孫子兵法》是世界上最早的軍事著作，距今已兩千五百多年。這本古老的兵書在全世界廣為流傳，其英文譯名「The Art of War」（戰爭的藝術）十分浪漫且貼切。

類似《孫子兵法》同樣深入總結戰爭智慧的軍事著作，還包括馬漢（Alfred Thayer Mahan）的《海權論》、克勞塞維茨的《戰爭論》、杜黑（Giulio Douhet）的《制空權》（*Il Dominio dell'Aria*）、蘇沃洛夫（Alexander Suvorov）的《制勝的科學》（*Наука побеждать*）等。這些經典著作在全球發行，歷來都是各國職業軍人學習和研究的重要軍事著作。

有趣的是，《孫子兵法》的成書年代遠遠早於其他兵書。在《孫子兵法》之後成書的最早一本軍事著作，是西元約一七九六年完成的《制勝的科學》，兩者相隔兩千三百多年。《制勝的科學》問世時，中國正值清朝。接下來是一八三二年出版的《戰爭論》，作者克勞塞維茨被視為西方近代軍事理論的鼻祖，對近代西方軍事思想的發展影響深遠。

讀過《戰爭論》的朋友，印象一定都非常深刻，同時也會發現其深受《孫子兵法》思想的影響。與《孫子兵法》相同，《戰爭論》既是一本兵書，也是一本哲學著作。《戰爭論》是克勞塞維茨對戰爭的觀察、研究與分析的結晶，是世界軍事思想史上第一部運用德國古典哲學的辯證方法，系統化歸納戰爭經驗的著作，具有重要的軍事學術價值。與《孫子兵法》一樣，克勞塞維茨也在《戰爭論》中揭示了戰爭的本質：「戰爭無非是政治以另一種手段的延續」，也就是說，戰爭屬於社會生活的一部分，是從屬於政治的，並非獨立行為。而且，戰爭不僅是政治行為，還是實質上的政治工具，因此戰爭必須服務政治需求。

孫武十分重視戰爭中「人」這一關鍵因素，注重鼓舞士氣、重視民心。克勞塞維茨也非常重視戰爭中「人」的作用，指出：「軍事活動絕對不僅關乎物質，還關乎充滿生命力的精神力量。」《戰爭論》中提到的勇氣與堅韌、理智與行動力、領導的才能、軍隊的武德與民族精神等，都是貫穿整場戰爭的精神力量，在特定條件下甚至具有決定性作用。

與《孫子兵法》相同，《戰爭論》也深入探討了戰術與戰略、進攻與防禦，將戰爭理論視為一門「經驗科學」，並一再警告不能拘泥於任何教條。克勞塞維茨認為，指揮官應靈活運用各種條件，來制定最合理的戰鬥方法，盡最大努力減少己方傷亡，同時最大程度削弱敵軍，使最終殘存的實力超過敵軍，並在精神層面對敵軍造成重創，迫使其放棄陣地，承認敗北。這與孫武的《孫子兵法·九變篇》中「**途有所不由，軍有所不擊，城有所不攻，地有所不爭，君命有所不受**」的理念不謀而合。

此外，《戰爭論》提出的戰略原則——「集中優勢兵力，猛烈攻擊對手的薄弱環節」，也與《孫子兵法》中「**十則圍之，五則攻之，倍則分之**」的思想高度契合。

《孫子兵法》全書共十三篇，僅六千字左右；《戰爭論》則共八篇，是七十多萬字之巨著。前者面面俱到，篇篇精髓，從國家到士兵，從戰略到戰術，從物質到精神，從謀慮鬥智到戰場鬥勇，每一句都蘊含深刻智慧，字字千鈞。這兩部經典都對戰爭理論的發展影響深遠。孫武被譽為「兵家至聖」、「百世兵家之師」、「東方兵學的鼻祖」，《孫子兵法》也被後世譽為「兵學聖典」，並置於「武經七書」之首。同樣，《戰爭論》也被西方譽為戰略學的經典。

但從時間上看，《戰爭論》誕生於《孫子兵法》約兩千三百年之後，可見《孫子兵法》影響之深遠。再者，隨著科學技術的飛速發展，原子彈、導彈、各種新型作戰飛行武器……等新式武器的出現，徹底改變了傳統的作戰模式和規則，使得西方傳統的軍事戰略理論逐漸失去光環，但孫武的智慧卻依然歷久彌新，經久不衰。

商場如戰場

# 《孫子兵法》：世界上最早的SWOT分析

在〈始計篇〉中，孫武展現了他俯瞰全局的能力。當我們陷入問題時，首先要做的就是跳脫紛繁複雜的細節，從宏觀的角度來思考問題。

《孫子兵法》強調，戰爭是國家的首要大事，一國的生死存亡皆繫於此，一定要慎重、周密地分析和研究。所以，本篇的「計」是指計算，而非計謀，意在計算敵我雙方的力量，即前文中提到的「五事七計」。

如果我們將「戰爭」的概念擴展至商業競爭，會發現孫武的智慧同樣適用於商業領域。「五事七計」正是最早的SWOT分析。

SWOT分析是現代常用的戰略分析工具，用於評估一個組織、專案、產品或個人的「優勢（Strengths）、劣勢（Weaknesses）、機會（Opportunities）與威脅（Threats）」。

SWOT分析的目的是透過深入剖析這四個要素，來制定戰略、決策和行動計畫，從而有效利用優勢和機會，同時避免劣勢和威脅。這種分析可以用於企業戰略規畫、新產品開發、市場行銷策略，甚至個人職涯規畫。

孫武在《孫子兵法》中提到的五個要素：政治、天時、地利、將帥、法治，也可以間接應用於商業競爭的分析和戰略制定。

第一，政治：在商業中，政治因素相當於企業的經營模式要符合國家政策，與國家的發展方向一致，避免從事國家政策不支持，甚至反對的業務或產品。

第二，天時：天時在商業中可以理解為市場的時機和趨勢。了解市場發展趨勢、消費者需求變化以及競爭對手的動向，對企業的戰略決策至關重要，抓住時機，企業就能夠獲得競爭優勢。

第三，地利：地利是指企業在市場生態系中的地位，以及供應鏈相關的條件。地位和供應鏈的支援程度，都會影響企業的競爭力。

第四，將帥：在商業世界中，將帥對應的是企業的領導團隊。擁有一個決策精明、善於戰略規畫、懂得激發團隊潛力的領導團隊，是企業成功的關鍵。領導團隊必須善於分析市場形勢，制定正確的戰略，並帶領團隊落實戰略。

第五，法治：在商業中，法治涵蓋了法律法規、企業內部規章制度以及商業契約等。遵守法律法規、建立健全的內部規章、簽訂合理的商業契約，都是企業合法營運、降低風險的重要條件。

## SWOT分析四大要素

### 優勢 Strengths

組織內部(或產品)所具備的積極、有利特徵、資源和能力，使其擁有競爭優勢和競爭力。包括：良好的聲譽、高品質的產品、強大的品牌、高效的團隊以及專業技能等。

### 劣勢 Weaknesses

組織內部(或產品)的消極、不利特徵、資源和能力。包括：低營運效率、財務狀況不穩定、管理不善、技術落後等問題。

### 機會 Opportunities

外部環境中有利於組織（或產品）發展、增長和成功的因素。包括:市場需求增加、新技術出現、競爭對手陷入困境、政策變化等。

### 威脅 Threats

外部環境中可能對組織(或產品)產生負面影響、限制其發展或造成損失的因素。包括：激烈的外部競爭、市場飽和、政策變化、經濟衰退等。

而「七計」同樣可以應用在商業領域，幫助企業做出明智的判斷。

第一，「**主孰有道**」：企業價值觀、企業文化、核心理念是否符合時代的趨勢，企業的初衷、商業理想是否禁得起時間的考驗。

第二，「**將孰有能**」：評估領導團隊的能力、經驗和智慧。企業能否成功，與領導團隊的決策和管理能力密切相關。

第三，「**天地孰得**」：洞察市場條件、行業發展和競爭環境，分析企業能否在市場趨勢、客戶需求等變化中找到有利的機會。

第四，「**法令孰行**」：企業是否具備高效的執行力，高層的決策能否有效地落實到基層，回饋機制是否高效且成熟？

第五，「**兵眾孰強**」：評估企業的資金、人力、技術和其他資源，藉此了解企業的資產、財務狀況、技術實力等，以衡量企業在市場上的競爭優勢。

第六，「**士卒孰練**」：分析企業員工的素質、技能。員工的素質、專業技能、士氣和團隊合作能力是企業強大的基礎。

第七，「**賞罰孰明**」：觀察企業的獎勵制度、績效評估方式以及激勵員工的方式。良好的獎懲制度能夠提升員工的積極度，保持企業的穩定發展。

## 特斯拉電動車竄紅：媲美孫子，最全面的「計」

與〈始計篇〉相關的商業理論還有麥可．波特（Michael Porter）提出的「五力分析」，這是一種非常有效的分析工具，用來評估企業在市場中的競爭力，歸納出競爭成敗的關鍵因素。「五力」分別為新進入者的威脅、潛在替代品的威脅、買方的議價能力、供應商的議價能力，以及同業競爭者的競爭程度。當我們從全局角度來分析企業時，會發現這五種競爭力量的相互作用，決定了企業的競爭強度和利潤水平。因此，在制定戰略時，應依據五力模型進行深入的分析，這與孫武對戰爭的分析方法十分相似。

例如，從「潛在替代品的威脅」角度來看，特斯拉便是一個典型的例子。

在特斯拉進入汽車市場之前，汽車行業主要由傳統燃油汽車製造商主導，這些企業積累了豐富的經驗、品牌聲譽和生產能力。然而，電動汽車技術的崛起，大大改變了市場格局。

在特斯拉出現之前，電動汽車已有一定的發展成果，但仍難以撼動傳統汽車的市場地位。但特斯拉在電池技術、自動駕駛技術、商業模式等方面不斷創新，徹底改變了市場格局，在短短時間內成為行業的領頭企業。

作為汽車產業「外行者」的特斯拉創始人伊隆．馬斯克（Elon Musk），帶領特斯拉

「殺」入汽車領域，並迅速占有一席之地。這樣的案例，在如今的商業社會中越來越多，這提醒著各企業，潛在的替代品、隱祕的競爭者正變得越來越難以預料，要想在競爭中保持優勢，需要更加全面的「計」（計算）。

《孫子兵法》中的戰略思想與商業競爭息息相關。企業領導者可以借鑑孫武的智慧，深入分析產業結構、計算敵我力量，並制定正確的戰略，以在競爭激烈的商業環境中獲勝。孫武的戰略原則不僅適用於戰場，也同樣適用於商場。

# 第二章

# 作戰篇

## 成本是最大的隱形殺手，不論作戰、創業

孫子從不鼓吹戰爭，
如果不得已必須作戰，那麼戰前一定要會計算成本。
所謂成本，是一種總和，包含了金錢成本、時間成本……等。
除了計算成本，更高明的國家和商人，則會轉嫁成本。

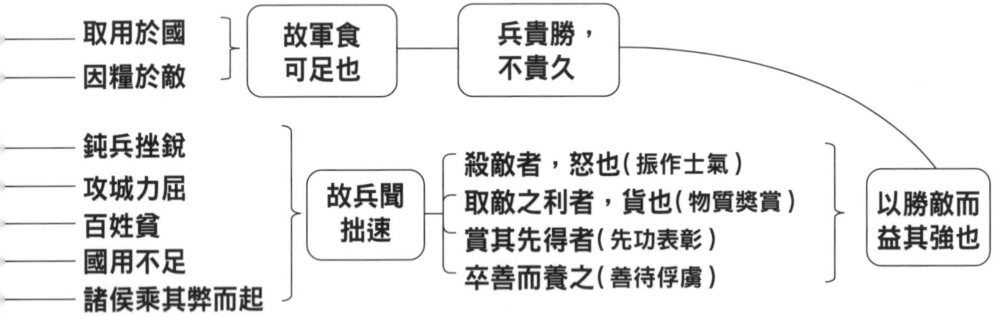
取用於國
因糧於敵
故軍食可足也
兵貴勝，不貴久
鈍兵挫銳
攻城力屈
百姓貧
國用不足
諸侯乘其弊而起
故兵聞拙速
殺敵者，怒也(振作士氣)
取敵之利者，貨也(物質獎賞)
賞其先得者(先功表彰)
卒善而養之(善待俘虜)
以勝敵而益其強也

# 〈作戰篇〉兵法心智圖

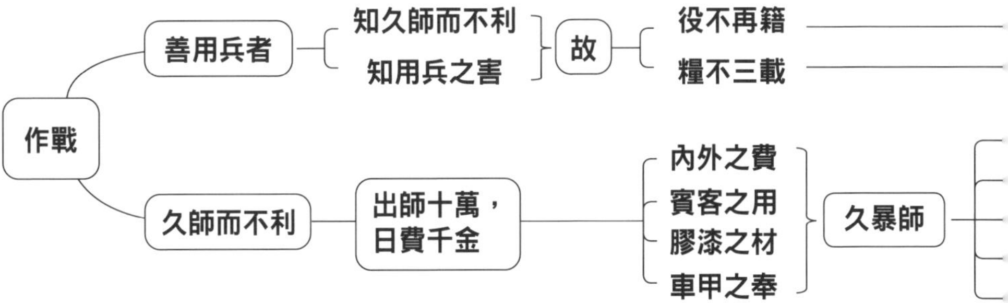
作戰
善用兵者
知久師而不利
知用兵之害
故
役不再籍
糧不三載
久師而不利
出師十萬，
日費千金
內外之費
賓客之用
膠漆之材
車甲之奉
久暴師

## 〈作戰篇〉原文

孫子曰：凡用兵之法，馳車千駟，革車千乘，帶甲十萬，千里饋①糧；則內外之費，賓客之用，膠漆②之材，車甲之奉，日費千金，然後十萬之師舉矣。

其用戰也勝，久則鈍兵挫銳，攻城則力屈，久暴③師則國用不足。夫鈍兵挫銳，屈力殫貨④，則諸侯乘其弊而起，雖有智者，不能善其後矣。故兵聞拙速，未睹巧之久也。夫兵久而國利者，未之有也。故不盡知用兵之害者，則不能盡知用兵之利也。

善用兵者，役不再籍，糧不三載⑤，取用於國，因糧於敵，故軍食可足也。國之貧於師者遠輸，遠輸則百姓貧；近師者貴賣⑥，貴賣則百姓財竭，財竭則急於丘役。力屈、財殫，中原內虛於家。百姓之費，十去其七；公家之費，破車罷馬，甲胄矢弓，戟楯蔽櫓，丘牛大車，十去其六。

故智將務食於敵，食敵一鍾，當吾二十鍾；忌稈一石，當吾二十石。故殺敵者，怒也；取敵之利者，貨也⑦。故車戰，得車十乘以上，賞其先得者，而更其旌旗，車雜而乘之，卒善而養之，是謂勝敵而益強。

故兵貴勝，不貴久。故知兵之將，民之司命，國家安危之主也。

## 注釋

①饋：運輸。

②膠漆：膠為黏合劑，一般用動物的皮或角熬製而成。漆為植物（漆樹）的汁液做的塗料，有防腐功能。兩者皆為古代修理、保養軍需物品的常用材料。

③暴：暴露，這裡指軍隊長期在外。

④殫貨：殫，耗盡。貨，物資。指物資耗盡。

⑤三載：此處泛指多次運輸。

⑥貴賣：指物價高漲，商品價格昂貴。

⑦貨也：此處有用物資獎賞之意。

## 譯文

孫武說，調動軍隊作戰的原則是：當你動用輕戰車千輛，輜重（運載重物）車千輛，士兵十萬人，還要將士兵的糧食運送至千里之外時，從前線到後方的各種開銷，再加上接待賓客使節、採購膠漆器材、補修車輛盔甲的費用，每天都要消耗千金，才能維持十萬大軍的運作。

動用這樣的大軍作戰，關鍵在於迅速戰勝敵人。戰爭拖得太久，士兵會疲憊，鬥志會受挫，長期的攻城戰會耗盡軍隊戰力，軍隊長期在外會使國家財政陷入困境。如果軍隊疲憊、士氣低落、戰力耗盡、國庫吃緊，那麼其他國家就會趁機發動攻擊。到了那時，即便再有智慧的人，也難以收拾殘局。因此，我們只聽說過戰術拙劣但能速戰速決的例子，從未見過依靠高明謀略而刻意拖長戰爭的做法。歷史上，從來沒有戰爭曠日持久卻有利於國家的事情。也因此，那些沒有徹底理解戰爭的害處的人，也無法真正理解戰爭帶來的益處。

擅長用兵的將領，不會反覆徵兵，也不會多次運輸糧草。軍需物資可由國內供應，但糧草則應就地取自敵國，這樣才能確保軍隊的補給充足。國家因戰爭而陷入財政困境，主要是因為長途運輸的負擔，長途運輸不僅會導致百姓窮苦，還會造成靠近軍隊集結地區的物價飛漲，物價飛漲會導致百姓財產耗盡，進而加重賦稅與徭役的負擔。當軍力耗竭、財政枯竭，國內家家戶戶一片空虛，百姓的財產可能已損失七成，而政府的軍費也會因為修理戰車、治療戰馬、製造盔甲、弓箭、長戟、盾牌，以及購置運輸輜重的牛車，而消耗六成。

因此，聰明的將領一定會設法從敵人手中獲得糧草，因為從敵人奪取一鍾糧食，等於從本國運送二十鍾糧食；奪得一石草料，等於從本國運送二十石草料。要讓士兵奮勇殺敵，就要激發他們同仇敵愾，使士氣高昂；而要讓士兵勇於奪取敵人的財物，就要用奪來的物資獎賞他們。因此，在戰車戰中，凡是繳獲敵人戰車達十輛以上，就要獎賞率先奪取戰車的人，並將車上的旌旗換成我軍的，把戰車編入自己的隊伍中使用。同時，應當善待、收編俘虜的士兵。這正是所謂：戰勝敵人，同時壯大自己。

用兵首重快速獲勝，不宜久戰。懂得用兵的將領，掌握了百姓命運與國家安全。

現代戰爭應用

# 戰爭是一門「控制成本」的藝術

人類文明史約有六千年，根據粗略的統計，在歷史長河中，只有三百多年完全沒有發生戰爭，占人類文明史的百分之五左右。中國坐擁和平多年，但放眼世界，戰火從未真正停歇。

我們只看最近二十餘年：

二〇〇一年，美國入侵阿富汗，戰亂至今不止。

二〇一一年，敘利亞陷入內戰，百姓苦不堪言。

二〇一一年，利比亞政府和反對派發生武裝衝突，戰火延燒至今。

二〇一五年，葉門政府軍與胡塞武裝組織發生衝突，美國與伊朗持續角力。

二〇二二年，俄羅斯與烏克蘭爆發衝突，美俄博弈進一步加劇。

既然戰爭難以完全避免，我們應該如何認識戰爭帶來的影響？又該如何取得真正的勝利呢？

〈作戰篇〉從戰爭成本的角度，告誡我們「**兵貴勝，不貴久**」，**即戰爭應追求速勝，若無止境的拖延，輕則讓國家深陷泥淖，重則導致國家覆亡。**然而，許多人對戰爭成本缺乏清晰的認識，有些人甚至認為戰爭是解決矛盾的有效手段，充滿豪情與勇氣，認為軍費就該大膽花。但是，如果我們靜下心來細讀〈作戰篇〉，就會發現孫武筆下古老的「戰爭帳本」裡，揭示了殘酷、無情的現實——戰爭的成本高昂，稍有不慎，就會讓無數百姓陷入地獄，甚至撕裂、毀滅一個國家。

開篇，孫武全面分析了戰爭成本的基本結構。在當時，戰車、輜重車輛、兵員都需要龐大的開支；此外，糧草運送更是一大開銷，再加上外交花費、裝備維修等各種開銷，可說是「**日費千金，然後十萬之師舉矣**」（每天都要消耗千金，才能維持十萬大軍的運作），龐大的財政支撐才能維持軍隊的正常運作。若從戰國時代對照到現代，會發現戰爭成本變得更加驚人，「**力屈**」（兵力枯竭）、「**財竭**」（財政耗盡）的問題更容易發生。

先來看看一組官方資料。根據美國國防部統計，從二〇〇一年「九一一事件」到二〇〇七年，美國政府總共在反恐戰爭中支出五千兩百七十億美元。在二〇〇一年，中國的國防支出約為一百七十億美元，也就是說美國在六年間的反恐戰爭開銷是中國二〇〇一年國防支出的三十一倍。然而，這應該仍是美國國防部大幅縮減後的官方數據，真實開銷遠比官方資料更加驚人。

俄烏戰爭的戰爭成本，更是讓人冷汗直流。據外媒報導，從二〇二二年一月到二〇二三年一月，美國已向烏克蘭提供了大約七百七十五億美元的軍事援助。七大工業國組織（G7）的一份聲明則指出，二〇二二年為烏克蘭募集到三百二十七億美元的援助。粗略計算，在短短約一年內，烏克蘭獲得的國際援助已達約一千一百〇二億美元，但即便如此，四處奔走的澤連斯基依舊高喊著：「這遠遠不夠！」

## 打得好，不如打得快：戰爭中的兩隻「吞金獸」

接著，我們再來仔細計算「戰爭帳」。若要發動一場現代化戰爭，主要得養活以下兩隻「吞金獸」。

**第一隻「吞金獸」——武器裝備**。武器裝備是戰爭的物質基礎，若要獲得先進的武器裝備，就必須投入巨額資金進行研發、製造、購買、維護。而且一旦開戰，再先進的武器裝備也終究逃不過淪為「消耗品」的命運。以波斯灣戰爭為例，這場戰爭雖然堪稱「**兵貴勝，不貴久**」的典範，但仍花了六百一十一億美元，平均每日軍費高達十一億多美元，就連當時的「富國」美國都難以承受。

戰爭中的武器價格更是驚人：一枚「愛國者」飛彈約一百一十萬美元（按當時資料估算），一枚「戰斧」巡弋飛彈約一百三十萬美元，一架F-15戰鬥機約五千零四十萬美元，一架F-117A隱形戰機約一．〇六億美元，一輛M1A1坦克約三百萬美元……波斯灣戰爭期間，多國部隊部署在海灣戰爭的武器裝備總價值更是超過了一千億美元。

**第二隻「吞金獸」——後勤補給。**無論是物資補給還是彈藥補給，都離不開一個字——「錢」。現代戰爭比拚的不僅是軍事實力，還包括後勤保障能力，任何一個環節出現缺口，都可能導致戰局逆轉，甚至全盤崩潰。在第四次中東戰爭中，「金錢」便發揮了扭轉局勢的神奇作用。當時，以色列面對敘利亞和埃及聯軍的凌厲攻勢，不僅損失了大量的武器裝備，彈藥補給更是接近「斷炊」，一度陷入被全面占領的危機。美國前總統尼克森隨即展開「五分錢救援行動」（Operation Nickel Grass），下令美國空軍「把所有能飛的東西都送往以色列」，為以色列補給大量物資，幫助以色列解除了後勤補給危機，反敗為勝。

「**不盡知用兵之害者，則不能盡知用兵之利也。**」我們必須認識到，戰爭帶來的負面影響，遠不止於龐大的經濟消耗，在全球化難以逆轉的今天，「**兵之害**」的影響力已超越「**民之司命，國家安危**」的範疇，甚至可能將整個世界拖入混亂深淵。以第四次中東戰爭為例，這場衝突直接引發了第一次石油危機。由於阿拉伯國家不滿美國庇護以色列，決定透過減少產量和實施石油禁運等手段，使原油價格從一九七三年的每桶不到三美元，漲至每桶超過十三美元。原油價格瘋漲的衝擊立竿見影，西方國家經濟一片大亂，最終引發第二次世界大戰後，資本主義世界最大規模的經濟危機（一九七三年到一九七四年，第一次石油危機）。

## 美國的戰爭經濟學：轉嫁成本的商業模式

俄烏戰爭更是帶來全球範圍的、巨大的，甚至可以說是難以估量的損失。這場衝突的本質，實際上是美俄之間的「混合戰爭」。混合戰爭，是指在戰略層面綜合運用「政治、經濟、軍事、外交、輿論、法律、文化、意識形態」等多種手段來打擊對手，這類新型態戰爭的特點是：界限更加模糊、組合更加多元、作戰模式更加特殊、制衡手段更加靈活、攻擊手法更加隱蔽。俄烏戰爭牽一髮而動全身，在俄羅斯發起「特別軍事行動」之後，隨之而來的是嚴重的能源危機、糧食危機、金融危機、難民危機、人道主義危機等，而最終承擔這場戰爭慘痛代價的，是全世界。

現代戰爭的成本如此高昂，再強大的國家都難以獨自承擔。因此，轉嫁戰爭成本、讓其他「小國盟友」為戰爭「買單」，已成為常態。

在這方面，美國可說是駕輕就熟。

簡單來說，美國轉嫁戰爭成本的邏輯，就是在其發動的戰爭中，最多做到出兵、提供武器裝備，但維持軍隊的費用主要由盟國承擔；其中，再透過出售武器裝備賺取利益，同時掠奪其他國家的資源，以確保長期經濟利益。這已成為美國靠戰爭發財的主要商業模式。

然而，儘管美國能從戰爭中牟利，但這種模式並非每次都能成功運作。隨著戰爭對全球經濟的影響進一步擴大，不確定性加劇，使得國際油價飆升，在二〇〇八年金融危機爆發之前，國際油價一度狂飆到每桶超過一百四十美元。這次，是誰來「買單」？答案是：全世界經濟體。

或許這樣的經濟代價對普通人來說尚可承受，但如果你生活在爆發戰事的國家，感受將會完全不同。首先，以平時月薪新臺幣四萬元、需繳納所得稅四千元為例，戰時可能會暴增至兩萬元。其次，通貨膨脹也難以避免，這意味著老百姓不僅實際收入大幅縮水，同時物價還飛漲，生活成本飆升。此外，大批正值青春年華的年輕人被迫中斷學業，奔赴戰場。有些人可能身心嚴重受創，回鄉後仍難以恢復正常生活，甚至無法及時領取撫卹金；而有些人，則永遠留在戰場上。

說到底，任何一場戰爭，無論開戰者如何轉嫁戰爭成本，最後「買單」的，永遠是每一個普通人。

以伊朗和伊拉克長達七年十一個月的「兩伊戰爭」為例，這場戰爭造成百萬人死傷，耗資近一兆美元，直接重創了曾經強盛的伊拉克。戰前，一九八〇年伊拉克人均GDP約合三千美元，同年南韓人均GDP約合一千七百美元。但這一場戰爭，讓兩國經濟發展水準至少倒退了二十年（編注：兩伊戰爭引發的第二次石油危機，導致南韓爆發金融危機）。

兩伊戰爭是沒有贏家的消耗戰，不僅讓伊拉克承受了巨大的經濟損失，還因此背負了巨額美元債務。巨大的經濟壓力使其盯上了債主鄰居科威特，成為時任伊拉克總統薩達姆．海珊（Saddam Hussein）執意入侵科威特的主要原因之一，繼而引發波斯灣戰爭，使伊拉克陷入更大的浩劫。

## 希臘vs.墨索里尼：奪取物資、人力，是勝負關鍵

《孫子兵法》中的第二篇雖然名為「作戰篇」，但事實上，全篇都聚焦在「戰爭成本」上。當我們隨著孫武的文字，翻閱這本戰爭帳時，都能清楚認知到戰爭可能帶來的災難。然而，即使每一個人都明白了戰爭的災難性，戰爭依舊無法避免……。

既然無法避免，《孫子兵法》所揭示的戰爭法則——「**取用於國，因糧於敵**」就

變得至關重要。兩千多年來，無論東西方，無數將領都遵循著孫武的戰爭智慧，極盡所能地實現「吞食敵人，同時壯大自己」的戰略目標。

第二次世界大戰期間，納粹德國的軸心國盟友義大利在希臘遭遇「滑鐵盧」。一九四〇年，義國首相墨索里尼集結了八．五萬兵力攻打只有三萬兵力的希臘，看似兵力懸殊，但戰事剛開始四天後，希臘軍隊就奇襲了義大利軍隊的後勤兵站，繳獲大量軍需物資，戰局瞬間扭轉，希臘人用義大利軍隊的物資，像牧羊犬趕羊群般地將義軍逐出國土。

起初，墨索里尼計畫在數週內占領希臘，然而，他準備好的炮彈最後卻砸在了本國軍隊的頭上。

對比戰前義大利的裝備數量，我們就會發現，義軍一半的坦克和火炮都成了希軍的戰利品（希臘軍隊繳獲義軍八十餘輛坦克、三百餘門火炮）。然而，墨索里尼仍不死心，次年三月他又發動第二輪入侵，若非希臘耗盡了繳獲的物資，加上自身缺乏軍工產業，恐怕義大利的敗局會更加慘烈。

如果說「**智將務食於敵**」（聰明的將領奪取敵人的軍需）只是戰場上的「初級玩法」，那麼「**勝敵而益強**」則是更「高階」的玩法了。

換句話說，光是奪取敵人的物資來充實自己還不夠，把敵人的力量轉化為自己的力量，才是真正高明之道。

例如，在現代戰爭中，除了掠奪物資，「掠奪人口」也是重要的戰略手段。人口與土地一樣都是戰略資源，不可或缺，擁有更多人口，就意味著擁有更強大的戰爭潛力。第二次世界大戰期間，德軍和日軍都苦於兵力嚴重短缺，儘管有從戰敗國補充戰俘兵力，但這些士兵往往心猿意馬、不聽從指令，導致敗局已定。在俄烏戰爭中也是如此，俄羅斯吸納大量烏克蘭人入籍俄羅斯，其本意也是在消耗烏克蘭的人口資源。

無論是戰場還是商場，控制成本始終是致勝關鍵。〈作戰篇〉不只適用於戰爭，也適用於我們的工作和生活。在戰場上控制成本，是為了應對複雜、持久的戰爭，以達成打贏戰爭的目的；而在商場上控制成本，則是為了獲取更高的經濟效益，目的也是要打贏一場以盈利為目標的戰爭。

商場如戰場

# 破壞式創新：讓成本降低30%以上

如果單純從字面理解《孫子兵法》的〈作戰篇〉，期待能看到烽火連天的「作戰」場景，那恐怕會讓人失望。本篇的核心概念，其實是〈始計篇〉的延伸，但更關注戰爭的細節，也就是計算戰爭的成本。

戰爭就像一座漂浮在海面上的冰山，我們通常只能看到水面上最顯而易見的部分——也就是交戰過程。跌宕起伏的戰爭場面讓很多軍事愛好者感到血脈賁張，但這只是冰山一角，真正決定戰爭成敗的，是隱藏在水面下的部分——國家的整體實力。正如〈始計篇〉所言，國家的綜合實力涵蓋多個面向，而在〈作戰篇〉中，孫武強調的是戰爭成本，這也是和戰事直接相關的面向。

在商業領域，成本的重要性更加明顯。美國哈佛商學院教授克雷頓．克里斯汀生（Clayton Magleby Christensen）曾提出「破壞式創新」理論，探討新技術和新商業模式如何在市場中顛覆傳統的產品、服務或行業。

「破壞式創新」是指當新技術或新的商業模式，以更簡單、更便宜、更便利的方式，滿足新市場或現有市場的需求，最終逐步取代傳統產品、服務或行業。其中最關鍵的觀點是：「破壞式創新通常需要實現至少百分之三十的成本降低」。根據克里斯汀生的研究，這類創新通常涉及開發一種成本至少比現有解決方案低至少百分之三十的產品或服務。這樣的成本優勢使得新解決方案能夠吸引更多消費者，特別是那些過去因價格過高而被排除在外的客群或市場。更經濟、更簡單的解決方案，往往能夠吸引新的消費者，從而開創全新的市場。

此外，另一位哈佛商學院教授麥可．波特也曾提出競爭策略的三大基本類別：成本領先戰略（Cost Leadership Strategy）、差異化戰略（Differentiation Strategy）、集中化戰略（Focus Strategy）。其中，排在首位的便是「成本領先戰略」。企業在不影響產品與服務品質的前提下，若要成功推行成本領先戰略，就必須擴大生產規模、積累經驗、嚴格控制成本與日常開支，並遠離利潤過低的客群，盡可能降低研發、服務、行銷等各個環節的成本。

伊隆．馬斯克的SpaceX（太空探索技術公司）便是以極具成本優勢著稱。他在某次採訪中提到，一座傳統火箭的造價通常在三千萬至三千五百萬美元之間，但透過火箭回收技術，成本就能降低百分之七十。他的目標是將每次發射的成本控制在兩百萬美元左右。如果能實現這項目標，那麼未來普通人也能負擔得起太空旅行。

製造火箭是龐大的工程，為了降低成本，馬斯克的公司在設計「星艦」時採用了突破性的創新材料——不鏽鋼。過去，大多數火箭都使用昂貴的鋁合金或碳纖維，但馬斯克選擇了不鏽鋼，因為不鏽鋼不僅耐高溫，還可以多次重複使用，這對未來人類的太空旅行商業化開創了新的可能性。此外，「星艦」使用的燃料是液態氧和液態甲烷，因為後者的性價比很高，而且火星大氣中含有豐富的甲烷，這意味著未來的星際航行可以在火星就地取材。這些創新都讓太空旅行變得更容易和經濟實惠。

## ZARA快時尚：「快」，是唯一無法破解的招式

關於戰爭成本，孫子強調打仗最重要的是取勝，**比起打得精彩或持久，迅速取勝更為重要**。而且，相較於「百戰百勝」，孫子顯然更推崇「一戰定乾坤」的策略，因為戰事一旦曠日持久，就會產生諸多問題：軍隊戰力和士氣都會逐漸衰退，國家長期維持軍費開支也會導致財政吃緊，此時敵人就容易乘虛而入，這是極危險的局面。

「速戰速決」的戰略意味著在競爭中迅速擊敗敵人，避免長期消耗戰，以節省資源並獲得最大利益。在商業領域，這種策略可以詮釋為快速進入市場並迅速占據領先

地位，以獲得最大的市場份額和利潤。同時，企業也需要避免長期競爭和過度消耗資源，因為這會導致資源耗竭。例如，持續的價格戰會大幅降低企業利潤，加速資源消耗。

在商業世界中，追求快速、高效率可謂是對孫子思想的最佳詮釋。一流時尚品牌ZARA便以其高效的供應鏈管理聞名。

ZARA採用「快時尚」模式，透過高速設計、生產、配送與銷售，在最短的時間內將最新潮的時尚資訊迅速傳遞給消費者。每款商品只少量生產，避免了庫存過剩，從而降低了庫存成本並始終保持產品的新鮮感。

亞馬遜（Amazon）創辦人傑夫．貝佐斯自創立公司之初，就高度注重效率和創新。亞馬遜起初只是一個線上書店，但貝佐斯憑藉出色的營運效率，將其發展成為全球最大的電子商務平臺之一。亞馬遜成功的原因之一，就是來自於對效率的極致追求。

值得一提的是，亞馬遜在物流和配送方面展現了極高的效率。透過先進的倉儲和物流技術，亞馬遜構建了一個高效的全球物流網路，確保商品能迅速、準確地送到客戶手中。同時，利用自動化設備和智慧系統，高效處理訂單和管理倉儲，大幅縮短了訂單處理和配送的時間。

在創新物流策略方面，亞馬遜使用了機器人來搬運倉庫內的貨物。首先，他們在倉庫內部部署感測器和掃描設備，如雷射感測器、攝影機等，以即時掃描並建立倉庫內部的地圖。接著，機器人會基於動態更新的地圖，透過內建的導航演算法來規畫最有效的貨物搬運路徑。這些機器人能夠自動導航、沿著預先規畫好的路徑運作，並透過相互通信和協作來改進搬運路徑，避免相撞，進一步提高物流效率。

對於企業來說，決定進入市場中的一條新賽道無異於開啟一場戰爭，因為這將消耗企業的人力、物力和財力，而且最終結果仍充滿未知，有可能一舉成功，也有可能全軍覆沒。因此，企業一定必須慎重考慮成本問題，永遠不可低估「計（謀略）」的重要性。

第三章

# 謀攻篇

## 美國「戰略威懾」：不戰而勝的策略思維

孫子認為，「不戰而屈人之兵」才是最高明的勝利，
如果必須開戰，則應速戰速決，
因為拖得越久，成本越高，縱然獲勝，效果也會大打折扣。
那麼，如何才能達到速戰速決呢？

- 不戰而屈人之兵，善之善者也 — 上兵伐謀
  - 屈人之兵而非戰也
  - 拔人之城而非攻也
  - 毀人之國而非久也
  - → 必以全爭於天下 → 此謀攻之法也
- 百戰百勝，非善之善者也
  - 其次伐交
  - 其次伐兵
  - 其下攻城
    - 為不得已
    - 殺士卒三分之一 — 此攻之災也
    - 而城不拔
- 論眾寡之用法也 → 此謀攻之法也
- 不可使亂軍引勝也 → 此謀攻之法也
- 故 → 此謀攻之法也
  - 知彼知己者，百戰不殆（知己者五事，知彼者七計）
  - 不知彼而知己，一勝一負
  - 不知彼不知己，每戰必敗

# 〈謀攻篇〉兵法心智圖

- 謀攻
  - 善用兵者
    - 全 — 國、軍、旅、卒、伍 — 為上
    - 破 — 國、軍、旅、卒、伍 — 次之
  - 用兵之法
    - 主攻城
      - 十則圍之
      - 五則攻之倍
    - 主野戰
      - 則分之敵則
      - 能戰之少則
      - 能逃之
      - 不若則能避之 故小敵之堅，大敵之擒也
  - 將者，國之輔也
    - 輔周則國必強
    - 輔隙則國必弱（三軍之患）
      - 縻軍
      - 軍士之惑
      - 軍士之疑
  - 知勝之五道
    - 知可以戰與不可以戰者勝（論知戰法之將也）
    - 識眾寡之用者勝（論知用兵之將也）
    - 上下同欲者勝（論上下一致之法也）
    - 以虞待不虞者勝（論治而乘亂之法也）
    - 將能而君不禦者勝（論主將之和不和也）

## 〈謀攻篇〉原文

孫子曰：凡用兵之法，全國為上，破國次之；全軍為上，破軍次之；全旅①為上，破旅次之；全卒為上，破卒次之；全伍為上，破伍次之。是故百戰百勝，非善之善者也；不戰而屈人之兵，善之善者也。

故上兵伐謀，其次伐交，其次伐兵，其下攻城。攻城之法，為不得已。修櫓轒轀，具器械，三月而後成，距堙，又三月而後已。將不勝其忿而蟻②附之，殺③士三分之一而城不拔者，此攻之災也。

故善用兵者，屈人之兵而非戰也，拔人之城而非攻也，毀人之國而非久也，必以全爭於天下，故兵不頓而利可全，此謀攻之法也。

故用兵之法，十則圍之，五則攻之，倍則分之，敵則能戰之，少則能逃之，不若則能避之。故小敵之堅，大敵之擒也。

夫將者，國之輔也，輔④周則國必強，輔隙⑤則國必弱。故君之所以患於軍者三：不知軍之不可以進而謂之進，不知軍之不可以退而謂之退，是謂縻⑥軍。不知三軍之事而同三軍之政者，則軍士惑矣；不知三軍之權而同三軍之任，則軍士疑矣。三軍既惑且疑，則諸侯之難至矣，是謂亂軍引勝。

故知勝有五：知可以戰與不可以戰者勝；識眾寡之用者勝；上下同欲者勝；以虞⑦

待不虞者勝；將能而君不御者勝。此五者，知勝之道也。

故曰：知彼知己者，百戰不殆⑧；不知彼而知己，一勝一負；不知彼，不知己，每戰必殆。

## 注釋

①旅：古代軍隊的作戰編制單位，旅為五百人，卒為一百人，伍為五人。但春秋以後各諸侯國軍隊編制並不完全一致。

②蟻：像螞蟻一樣。

③殺：減少、削減。

④輔：原指輔木，後引申為輔助、輔佐。

⑤隙：形容相互之間不合適。

⑥縻：有羈絆、牽絆、控制之意。

⑦虞：準備。

⑧殆：危險。

## 譯文

孫武說，戰爭的最高境界，是在不交戰的情況下使敵國舉國屈服；若必須動用武力攻破敵國，則略遜一籌。同樣地，能讓敵軍不戰而降是上策，若必須透過戰鬥來擊潰敵軍，則稍遜一籌；能讓一個旅不戰而降是上策，以武力擊潰一個旅則次之；能讓一個卒不戰而降是最好的，以武力擊潰一個卒就稍差；能讓一個伍不戰而降是最好的，以武力擊潰一個伍則次之。因此，「百戰百勝」稱不上最高明的戰略，真正的戰略高手是能夠不戰而降服敵人的軍隊。

用兵的最佳策略，是挫敗敵方的戰略計謀，其次是運用外交手段擾亂敵人，再其次是用武力擊潰敵軍，最差的策略則是攻打敵人的城池。攻城，乃兵家下策，因為攻城戰的準備極為繁瑣——光是製造攻城高櫓、四輪戰車，以及各種器械，就需要數月的時間；建造攻城用的土山，至少又需要數個月。如果將領克制不住焦躁情緒，命令士兵像螞蟻一般強行攀爬城牆攻城，使得士兵傷亡三分之一，城池卻依然未能攻下，這就是貿然強力攻城帶來的災難。

擅長用兵的人，能夠不靠打仗降服敵軍，不靠攻城奪取城池，不靠長期作戰摧毀敵國。在爭奪天下的過程中，要運用周全的謀略，這樣不僅能保存兵力，也能保全利益不受損失。這正是以謀略取勝的戰法。

因此，作戰的基本原則是：當兵力是敵人的十倍時，就實施包圍戰略；兵力是敵人的五倍時，就發動進攻戰略；兵力是敵人的兩倍時，應採取分散敵人、各個擊破的戰略；與敵人兵力相當時，就要奮力抗衡；兵力少於敵人時，就要想辦法擺脫敵人；

實力若遠遜於敵人時，則應避免正面決戰。弱小的一方若死拚固守，只會淪為強大敵人的俘虜。

將帥就如同支撐國家的棟梁。將帥輔佐得當，國家必定強盛；若輔佐不力，國家必定衰弱。

國君可能讓軍隊陷入危險的情況有三種：第一，不了解軍隊的狀況，明明不能前進卻強行推進，明明不能撤退卻硬要後撤，這就是束縛了自己的軍隊；第二，不熟悉軍隊內部事務卻干預軍隊行政，這會讓將士感到困惑；第三，不懂得靈活調動軍事戰略卻干預指揮，這會引發將士的疑慮。當將士既困惑又疑慮，列國諸侯就會乘機發難，這種自亂陣腳的做法，最終會導致敵人勝利。

預知將能獲勝的情況有五種：第一，能夠判斷何時適合作戰、何時應該避免作戰的人，才能夠獲勝；第二，能夠依照兵力多寡來制定不同作戰方法的人，能夠獲勝；第三，軍心團結，目標一致的，能夠獲勝；第四，準備充分的軍隊對抗毫無準備的敵人，能夠獲勝；第五，將領英明有才能，而且國君不掣肘的，能夠獲勝。這五點，就是預測勝利的方法。

所以說，若能了解敵人，也了解自己，則無論如何作戰都能立於不敗之地；若不了解敵人，只了解自己，獲勝的可能性只有一半；若既不了解敵人，又不了解自己，那每次作戰都將會失敗。

現代戰爭應用

# 戰略威懾：真正善戰的人，不戰

「**信但用孫武一兩言，即能成功名。**」在王安石看來，韓信僅憑孫武的幾句兵法要義，就完成了滅楚興漢的大業。聚焦《孫子兵法．謀攻篇》，我們會發現這一章堪稱重量級章節，全章都在圍繞著「勝利」這一主題。然而，如果我們試圖比照韓信的事蹟，希望能從孫武的「一兩言」中尋找制勝計謀，恐怕會感到些許失望，因為孫武論述的是「戰略」上的勝利，而非「戰術」上的勝利。

孫武的戰爭原則簡而言之就是：能不戰就不戰，如果不得不戰，也應該儘量盡可能降低戰爭的代價。「**不戰而屈人之兵**」才是「**善之善者也**」，試問，還有比不交戰就能獲勝更高明的勝利嗎？

錢學森先生曾說過：「手裡沒劍和有劍不用，是兩碼事。」回顧中國百年屈辱的歷史，和「兩彈一星」計畫（中國對核彈、飛彈和人造衛星的簡稱）的發展，再對照因國防薄弱而遭到侵略的科威特、內戰不斷的敘利亞等國，我們就能更理解孫武將「**不戰而屈人之兵**」視為最高明戰略的深意，也能更明白和平的得來不易，亦能更明白「戰略威懾」這四個字背後的意義——一個國家如果缺乏強大的國防，就會陷入戰火，淪為強權的犧牲品。

第二次世界大戰後，許多國家將「戰略威懾」作為主要軍事策略。透過非戰爭軍事行動來達成威懾效果，從而實現政治目的，是最常見的「戰略威懾」手段。

在這方面，美國堪稱行家高手。根據美國國防部資料，粗略統計顯示，二〇〇六年美軍每年在亞太地區舉行的各類聯合軍演和聯軍演習共約一千五百場。時至今日，美國與其他國家的聯合軍演次數依舊驚人。日媒報導，二〇二二年僅日美聯合演習次數就多達五十一次。這些大大小小的演習，不僅僅是在檢驗武器裝備的性能和軍隊戰鬥力，更是在展現美國的軍事實力，以此威懾對手，達到「**不戰而屈人之兵**」的效果。

不過，四處威懾別國的美國，也有被威懾的時候。從美國在「帝國墳場」——阿富汗的狼狽撤退，就能窺知一二。

阿富汗戰爭始於二〇〇一年，戰爭初期，以美國為首的聯軍誓要消滅「蓋達組織」和庇護該組織的塔利班。諷刺的是，二十年過去了，這場漫長的戰爭卻以極為戲劇化的方式結束——美國在全世界驚詫的目光下，倉皇無序地撤離阿富汗。

二〇二一年八月，阿富汗塔利班發動全境總攻擊，在短短十天內就閃電般快速地擊潰了如散沙一般、由美國扶植的阿富汗政府軍，阿富汗政府前總統加尼（Ashraf Ghani）更是落荒而逃。

塔利班不費一兵一卒就完成兩大戰績：一是和平占領首都喀布爾，被稱為「無血開城」；二是徹底趕走了盤踞阿富汗二十年的美國及北約軍隊。塔利班「不戰而屈人之兵」的戰略中，有兩個細節十分有趣。

**第一個細節是，美軍不辭而別，悄悄撤退。**據阿富汗政府軍的說法，美軍在夜晚悄悄關閉巴格蘭空軍基地（Bagram airbase）的電源後，就一溜煙地撤離了，甚至沒有通知該基地的新指揮官。而且，美軍沒有通知與其有「露水情緣」的阿富汗政府也就罷了，連長期並肩作戰的北約盟友和親美阿富汗人，也都毫不知情。時任英國國防大臣華勒斯（Robert Ben Lobban Wallace）直言美國撤軍「是錯誤的決策」，但也許，這個「錯誤」本就是遲早該發生的。

華勒斯感嘆道：「美國已不再是全球霸主，只是一個大國而已。」

**第二個細節是，塔利班「貼心」地為美國及北約軍隊開闢了一條撤離路徑，甚至規定了撤離期限。**拜登政府曾試圖爭取「寬限期」，希望能將撤軍日期推遲至「911事件」二十週年後，以勝利者的姿態凱旋，卻遭到塔利班十分乾脆的拒絕。塔利班發言人說：「如果美國延長撤離時間，那就意味著延長了占領時間。」並補充道：「如果美國繼續占領，塔利班將做出反應。」

於是，美軍按照塔利班的時間表，準時撤離。然而，撤退的過程極為混亂，從踩踏事件到運輸機起落架上有人墜落的慘劇，許多阿富汗平民在逃亡途中喪命。

阿富汗戰爭持續了二十年，耗費高達二．二六兆美元，而美國歷史上另一場慘痛的戰爭——越南戰爭，則僅花費一千七百六十億美元。即使考量通貨膨脹，阿富汗戰爭的成本仍然遠超越南戰爭。投入如此龐大的資金與時間，美國卻沒有消滅蓋達組織和塔利班，其扶植的親美政權也被瞬間推翻。更諷刺的是，最終幫助美軍「全身而退」的，竟是與其血戰二十年的塔利班。

如今，氣急敗壞的美國仍拒絕承認阿富汗塔利班政府。但，這又有什麼用呢？

## 城市巷戰是最下策、最糟糕的戰法

無論一個國家是依靠國防實力贏得和平，還是靠耀武揚威使對手俯首忌憚，抑或是在戰場上展現壓倒性優勢，使敵人望風而逃，其最終目的都是「不戰而屈人之兵」。但是，孫武所說的「不戰」，並不代表完全不出動軍隊，或完全不付出代價，而是在廣義上可理解為「戰略威懾」，狹義上則可理解為透過必要的「小戰」，以極小的代價達成戰略目標，也就是透過「小規模戰爭」來避免「大規模戰爭」。

靠小戰「屈人之兵」，本質上正是孫武「不戰而屈人之兵」的現代實踐。

在伊拉克戰爭中，以美軍為首的盟軍便將這一策略貫徹得淋漓盡致。憑藉其先進的武器裝備與技術優勢，美軍展開「震懾行動」，對伊拉克發動戰略空襲，發射三百多枚巡弋飛彈、三千多枚精準彈藥，幾乎徹底摧毀了巴格達、巴士拉（Basrah）等重要城鎮的伊拉克政府設施，使其指揮系統陷入癱瘓。對於一場大規模的資訊戰而言，「震懾行動」付出的代價極小，但效果顯著，大幅削弱了伊軍的戰鬥力，最終導致薩達姆政權的徹底崩潰。

「**上兵伐謀，其次伐交，其次伐兵，其下攻城**」，如果我們順著「**不戰而屈人之兵**」的邏輯去理解這句話，便是挫敗敵人的戰略計謀，優於透過外交手段擾亂敵人；若不得已出兵打仗，則應迅速致勝，而最下策則是長期攻城消耗戰。

在孫武的時代，攻城戰的代價十分高昂，不僅要耗費大量時間和人力準備攻城器械、修築攻城工事，在真正發動攻城時，往往還會損失約三分之一的兵力。然而，即使付出如此慘重的代價，也未必能成功奪取城池。時隔兩千多年，孫武的勝戰邏輯依然適用。一位美海軍陸戰隊前高級將領曾說：「**有經驗的軍事指揮官，往往將城市戰視為最糟糕的選擇。**」從另一個角度來看，許多職業軍人都認為城市戰沒有真正的勝者，因為交戰雙方付出的代價過於高昂，即便勝利，也是用無數血肉堆砌而成的。

儘管各方都深知攻城戰的殘酷，但一旦戰爭爆發，城市往往無可避免地成為交戰焦點。因此，在現代戰爭中，城市始終是最可能被戰火吞噬的地方。

順化，這座越南古都，意為「和平、融洽」，卻在一九六八年爆發順化戰役，使得這座越南人的「精神堡壘」成為「血肉磨坊」，全城幾乎被毀。北方人民軍傷亡數萬人，成為越南戰爭中最為血腥和漫長的戰役之一。

我相信在順化戰役初期，許多美軍或許都回想起第二次世界大戰時巷戰的慘痛經歷。在順化，越南北方人民軍、越共遊擊隊藏匿在城市的各個角落，發動伏擊，從四面八方而來的槍林彈雨令美軍損失慘重。最終，美軍動用軍艦、飛機、大炮摧毀了整座順化城。

「為了拯救這個城市，我們不得不毀滅它。」美軍在戰後如此說到。

然而，事實上，這更像是用重炮進行少數人對多數人的屠殺。無論美軍如何詮釋這場戰爭，我們都能從中感受到城市戰的血腥和殘酷。

除了順化戰役，歷史上類似「絞肉機」般慘烈的城市戰還有許多。

一九四二到一九四三年史達林格勒會戰，蘇、德雙方共計一百萬人死亡。

一九四五年柏林巷戰，蘇軍傷亡三十多萬人，德軍傷亡三十多萬人，被俘四十八萬人，平民傷亡更是多達二十萬人。

一九九三年摩加迪休之戰，又稱「黑鷹墜落」事件，美軍在索馬利亞的「維和行動」慘敗，索馬利亞民兵甚至拖著美軍的屍首遊街示眾，血腥場面震驚世界。一九九五年格羅茲尼巷戰，據俄軍士兵回憶，一個千人規模的旅在激戰後僅存十人，這場戰役成為「戰鬥民族」揮之不去的夢魘。

與以上城市相似，馬里烏波爾和巴赫穆特也經歷了「絞肉機戰爭」的摧殘，成為「喋血之城」。俄烏雙方軍隊反覆爭奪這兩座城市，最終俄軍不得不在馬里烏波爾動用重型轟炸機轟炸亞速鋼鐵廠，而巴赫穆特戰役則堪稱當代最慘烈的城市戰之一，俄烏雙方都付出了沉重的代價。凡是以奪取土地為目標的戰役，必定慘烈無比，寸土必爭的背後，便是屍骨成山。

「**屈人之兵而非戰也，拔人之城而非攻也，毀人之國而非久也**」，時至今日，最理想的勝利，依然是「以最少的流血犧牲獲取勝利」。己方傷亡越少，對國家就越有利，便能在國際舞臺上獲得更大的政治影響力和權威。

本著這一戰略目標，孫武提出了用兵之法：「**十則圍之，五則攻之，倍則分之，敵則能戰之，少則能逃之，不若則能避之。**」簡而言之，就是軍事力量越強，對敵人形成的壓迫就越大，從而能以最小的代價獲取勝利。反之，若實力懸殊，便會落得「以卵擊石」的下場，比如二〇〇八年的喬治亞。

## 不對稱戰爭：美軍與俄軍如何輾壓喬治亞、巴拿馬

二〇〇八年八月八日，國土面積比重慶市還小的喬治亞，主動向駐紮在南奧塞梯（位於西亞南高加索、未受國際普遍承認的國家）首府的俄軍發起攻擊。

談到主動出擊，喬治亞前總統薩卡希維利（Mikheil Saakashvili）似乎頗「懂」用兵之道，他首先對南奧塞梯首府茲辛瓦利（Tskhinvali）展開「圍之」（圍困）。遺憾的是，薩卡希維利忽略了非常重要的一點——孫武認為，如果欲「圍之」，需兵力十倍於敵人，然而，喬治亞陸軍部隊不足兩萬人。於是，喬軍雖然包圍了茲辛瓦利，下午便遭到俄軍掃清其周邊防禦，俄軍更於第二天凌晨完成了對茲辛瓦利的反包圍。

此時，普丁正坐在北京鳥巢（國家體育場）的觀眾席上。

接下來的戰況並不難推測。俄軍完成圍困之後，空軍隨即深入喬治亞境內展開轟炸，機場、港口等重要目標陷入火海，喬軍僅有的幾十架戰機根本無法與俄軍抵抗。而北約和美國則因為鞭長莫及，都沒有伸出援手，薩卡希維利就這樣把他的祖國推入險境。短短五天後，喬治亞戰力被「打瘸」，這場「五日戰爭」毫無懸念地畫下了句點。

「圍之」、「攻之」是兵力處於明顯優勢時才能選擇的戰法。

相比喬治亞貿然挑釁強權，美軍則擅長「牛刀殺雞」，以壓倒性的實力對付弱小

對手，堪稱教科書等級的「以大欺小」。

以一九八九年的巴拿馬戰爭為例，美軍為了爭奪航運咽喉巴拿馬運河，派出兩萬七千名士兵，兵分多路向重要目標發動攻擊。憑藉壓倒性的武器裝備優勢，甚至動用了當時尚未正式服役的F-117A隱形戰鬥轟炸機，精確轟炸了巴拿馬的軍事目標。僅僅十五小時，美軍便攻下巴拿馬城，以極小的代價實現了戰略目標。

格瑞那達（Grenada，位在加勒比海東部的島國），國土面積不及香港的三分之一，卻是扼守著加勒比海出入大西洋門戶的戰略要地。許多人第一次聽到這個國家的名字，是因為美國的入侵行動。一九八三年，美國採取突襲戰術，對格瑞那達發動攻擊，總共出動十五艘軍艦，一萬八千人的作戰部隊，兩百三十架飛機和直升機。

而格瑞那達的總兵力，只有兩千人。

和巴拿馬一樣，面對壓倒性的優勢，格瑞那達的一切反抗終究徒勞無功。

## 知己知彼：諜戰是現代戰爭的關鍵

值得注意的是，雖然歷史上有許多憑藉十倍、百倍甚至千倍兵力優勢取勝的戰例，但戰爭的本質仍是意志與意志的較量，而非單純的武器與科技對抗。因此，《孫子兵法》特別提醒，不論是將帥還是國君，一旦意志不統一，開始「瞎指揮」，那麼再強大的軍力都可能化為烏有，甚至導致國家衰亡。

「**輔周則國必強，輔隙則國必弱**」，我們一起來看看，指揮官如何將本該是優勢的條件，變成了致命的劣勢。

一九八〇年四月，美國為解救伊朗人質危機中被伊朗政府扣押的五十三名人質，美國軍方與政府高層制定了一項堪稱「奇葩」的計畫，既難以理解，又難以實行。這個計畫不僅需要多個兵種聯合作戰、多個作戰單位參與，還要求轉換使用不同的交通工具。如此複雜的作戰計畫究竟是如何產生的？

一方面，五角大廈裡的陸、海、空三軍及特種部隊，各方爭奪主導權，導致參與策畫的人員越來越多，計畫變得越來越繁瑣。另一方面，在實施計畫時，各軍兵種缺乏協調，使得各種意外頻頻發生，就連跨兵種的通信都出現問題。最終，混亂的指揮行動，導致滿盤皆輸。這樣的結局，毫不令人意外。

然而，將帥指揮不當帶來的惡劣影響，遠不止「任務失敗」這麼簡單，伊朗人質危機讓卡特政府顏面盡失，不僅導致美國前總統卡特連任失敗，還打擊了美國民眾對軍隊的信心。

我們再來看看希特勒。儘管他曾為納粹德國贏得多場勝利，但許多重大敗戰，都與他干預前線指揮脫不了關係。在莫斯科戰役中，正當德軍與蘇軍激戰之際，希特勒私自將一部分預備軍隊調往基輔，支援基輔的爭奪戰。這一決策削弱了德軍的攻勢，最終導致德軍付出了五十萬人傷亡的慘烈代價，奏響政權滅亡的前奏。數次敗戰後，納粹德國再也沒有機會「在蒙羞的地方雪恥」。

美國陸軍四星上將大衛・帕金斯（David Gerard Perkins）曾提出與孫武一脈相承的觀點，他認為應當賦予地面指揮官相應的責任和決策權，允許他們在上級的目標範圍內自主應變。二〇〇三年四月，美軍兵臨伊拉克首都巴格達，美軍特遣部隊成功占領象徵伊拉克政權的市中心建築群，這就是震驚世界的「迅雷行動」（Thunder Run）。伊軍本以為美軍會逐個街區推進，沒想到其裝甲部隊直接挺進了市區。最終，當電視播出美軍占領薩達姆權力中心的畫面時，城內伊軍的戰鬥意志徹底喪失，薩達姆政權也隨之倒臺。

美軍能夠在殘酷的城市戰中，以極小代價取得大勝，與決策者充分信任前線指揮官有很大的關係。在第二次突襲行動中，美軍第二旅接到的命令是掉頭折返，但部隊卻直接挺進了市中心。原因是軍長華萊士聽取時任第二旅旅長大衛・帕金斯的戰略意圖——「直搗核心，將戰術勝利轉化為戰略成功」，果斷選擇支持這一行動。有了指揮官的支持和信任，加上前線將令的靈活應變，正是勝利的關鍵所在。正如孫武所說，「**將能而君不御者勝**」，有才能的將領加上不掣肘的國君，便能為勝利奠定基礎。

《孫子兵法》中的勝戰思想，至今仍深刻影響著戰爭、政治，乃至商場。在現代戰爭中，真正的勝利關鍵在於奪取「資訊的主導權」，這正是孫武「**知己知彼，百戰不殆**」思想的延伸。「知己」就是要充分了解自己的能力，既不誇大，也不低估，客觀評估己方戰鬥力能否碾壓對手。「知彼」就是要充分了解對手的綜合實力，不漏掉任何資訊死角。因此，在一場大戰爆發之前，「諜戰」往往愈發激烈，畢竟戰場的資訊是動態的，若停留在過去的資訊上洋洋自得，無異於自尋死路。

如今，各國軍隊經常進行「兵棋推演」，其核心目標就是「知己知彼」，找尋對手的薄弱環節，從而戰勝對手。美軍尤其擅長對潛在對手國家進行「抵近偵察」（close-in reconnaissance），目的就在於充分「知彼」。就像俗話說的：「拾到籃子裡的都是菜」，至於是否可用，回頭再做篩選即可。

「謀攻」的關鍵在於制勝，制勝的關鍵在於奪取資訊主導權，這個道理自古至今皆然。不同的是，過去資訊來源單一，取得方式也較為有限，而今天資訊量龐大，獲取手段極為多元，但無論是戰場還是商場，目標始終一致——掌握資訊，才能掌握勝利的主導權。

商場如戰場

# 抖音如何成為市場王者：集中資源，快速進攻

〈謀攻篇〉是《孫子兵法》全書的核心。除了「**不戰而屈人之兵**」的策略思想外，孫武還強調：「**故用兵之法，十則圍之，五則攻之，倍則分之，敵則能戰之，少則能逃之，不若則能避之。**」孫武認為，「不戰而屈人之兵」才是最高明的勝利，但如果必須開戰，則應速戰速決，因為拖得越久，成本越高，縱然獲勝，成果也會大打折扣。那麼，如何才能達到速戰速決呢？答案就是：集中優勢兵力，攻克關鍵，迅速找到突破口。

在商業領域，同樣強調速戰速決。

《精實創業》（繁體中文版由行人出版）一書曾提出「最小可行產品」（Minimum Viable Product，MVP）這一概念。MVP是指以最低程度的投入，創造出能夠驗證創意核心假設的產品或服務。這個產品不一定包含所有預期的功能，但應該足以吸引早期

使用者，並獲取有價值的回饋。

第一，MVP允許創業者快速、低成本地測試假設，了解市場需求和用戶回饋是否符合預期。

第二，透過推出MVP，創業者可以更快速改進產品，根據實際回饋進行調整，最終打造出符合市場需求的產品。

第三，MVP避免了大規模投入而可能帶來的失敗，盡可能節省了時間、金錢和其他資源，專注於關鍵功能和核心價值。

另一本商業著作《成長駭客攻略》（繁體中文版由遠見天下文化出版）強調，好的產品具備「不可或缺」的特性，這是公司實現迅速、持續增長的基本條件，但快節奏的試驗同樣至關重要。增長最快的公司往往是學習最快的公司，試驗次數越多，意味著學到的東西越多。市場的快速回饋如同瞬息萬變的戰場，創業者必須不斷調整策略、與時俱進，集中優勢資源，迅速進攻市場，企業才能占得先機。

Groupon是一家主要提供優惠券和團購服務的公司。二〇〇六年，創始人安德魯．梅森（Andrew Mason）創建了名為「The Point」的網站，旨在透過聚集人群的力量來實現共同目標。然而，在「The Point」推出後的一段時間裡，該平臺並沒有顯著的成功，但創始人注意到「團購」可能會是成功的方向，認為可以透過聚集大量購買者，來讓商家提供更有吸引力的折扣。這一理念最終成為Groupon的基礎。

Groupon首次成功的團購業務起源於芝加哥的一家披薩店。他們提供的半價披薩優惠券在短時間內吸引了大量買家。為了快速擴展，Groupon最初主要用電子郵件來發送每日團購優惠。電子郵件的設計非常簡潔，折扣和購買按鈕的設計都相當顯眼，能夠迅速吸引用戶點擊並購買。這種簡單直接的方式，雖然傳統，但能夠快速、有效地傳達優惠資訊給潛在使用者。

接著，讓我們把目光轉向快手和抖音。他們是彼此競爭激烈的短影音平臺，快手曾秉持著「過度投資於推廣，意味著產品本身不足」的信念，並常說：「我們從未花費一毛錢進行推廣。」然而，抖音的創始人張一鳴選擇了另一條不同的路徑。

二〇一九年春節，張一鳴下定決心充分利用假期，全力推廣抖音。他認為春節期間，人們有大量的閒暇時間，娛樂是人們假期生活的重心。他讓抖音團隊提交一份推廣預算報告，報告顯示預算高達八天一億元人民幣。但張一鳴進一步詢問財務長，抖音最多可以動用多少資金？財務長回答：可以調動五億元人民幣。張一鳴果斷拍板——決定將五億元人民幣的預算，全部投入到八天的推廣活動中。這次的快速決策、快速行動，讓抖音和快手拉開了巨大的距離。

這正是「速戰速決」的威力。

# 第四章

# 軍形篇

## 福克蘭群島戰役：想要贏，你得先學會等待

在戰場和商場上，自己能控制的，永遠只有自己。
光是做好必勝的準備還不夠，
還必須等待敵人露出破綻的時機。
等待局勢的變化，才是制勝的關鍵。

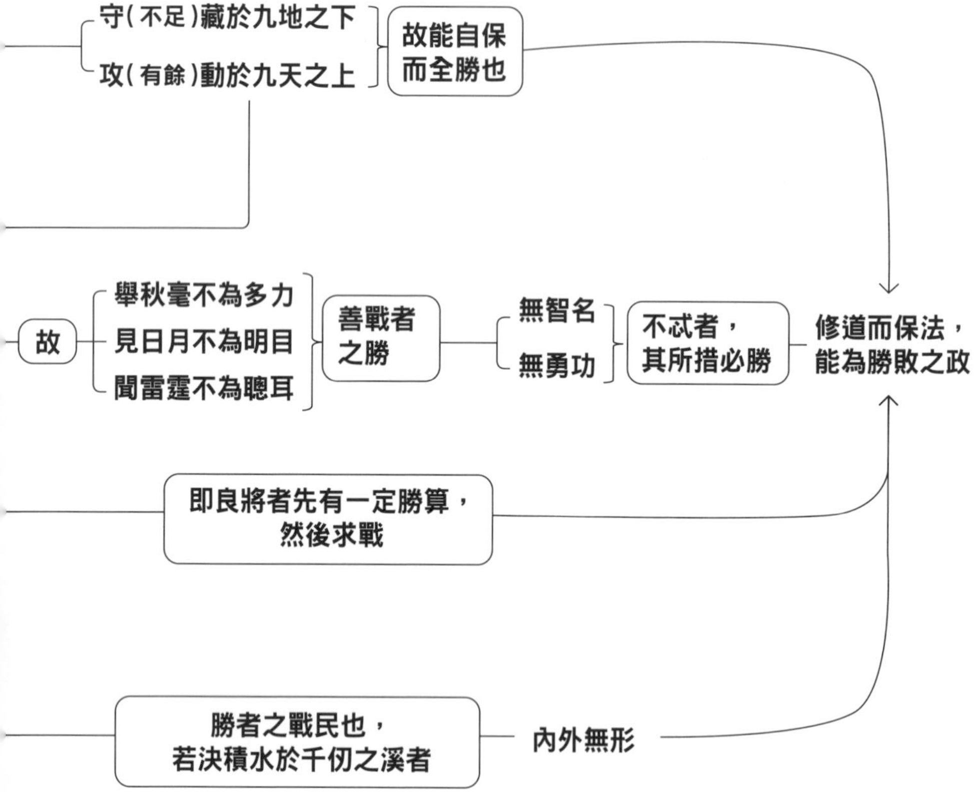
守（不足）藏於九地之下
攻（有餘）動於九天之上
故能自保而全勝也
故
舉秋毫不為多力
見日月不為明目
聞雷霆不為聰耳
善戰者之勝
無智名
無勇功
不忒者，其所措必勝
修道而保法，能為勝敗之政
即良將者先有一定勝算，然後求戰
勝者之戰民也，若決積水於千仞之溪者
內外無形

# 〈軍形篇〉兵法心智圖

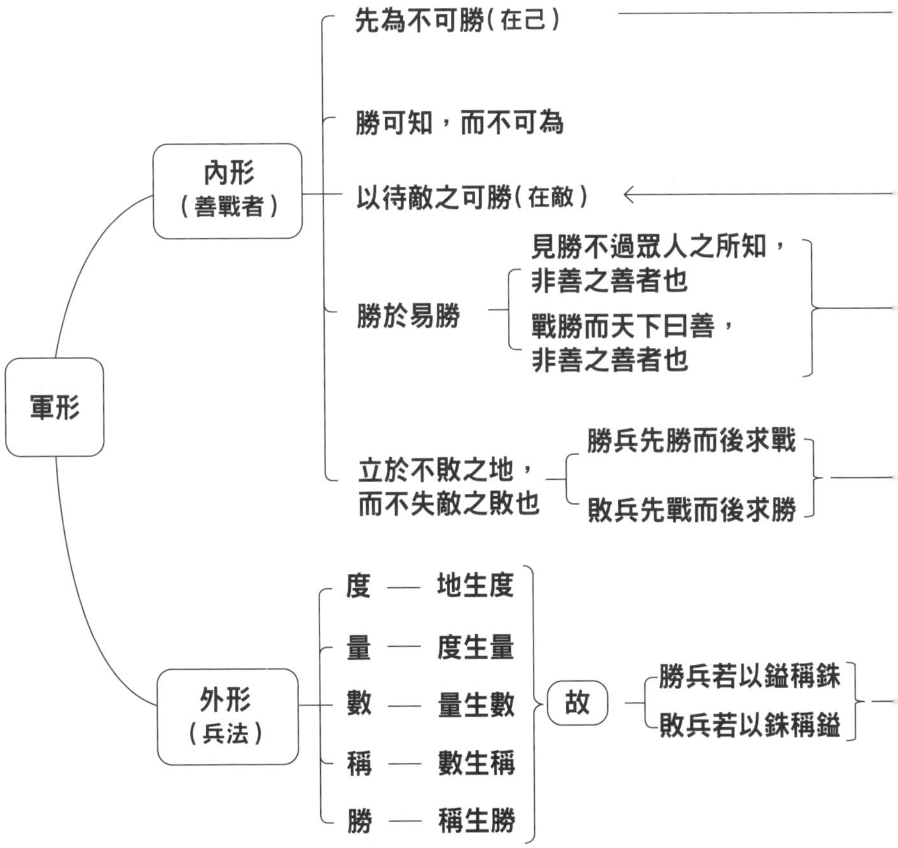
軍形
內形
（善戰者）
先為不可勝（在己）
勝可知，而不可為
以待敵之可勝（在敵）
勝於易勝
見勝不過眾人之所知，
非善之善者也
戰勝而天下曰善，
非善之善者也
立於不敗之地，
而不失敵之敗也
勝兵先勝而後求戰
敗兵先戰而後求勝
外形
（兵法）
度
地生度
量
度生量
數
量生數
稱
數生稱
勝
稱生勝
故
勝兵若以鎰稱銖
敗兵若以銖稱鎰

## 〈軍形篇〉原文

孫子曰：昔之善戰者，先為不可勝，以待敵之可勝。不可勝在己，可勝在敵。故善戰者，能為不可勝，不能使敵之必可勝。故曰：勝可知，而不可為。

不可勝者，守也；可勝者，攻也。守則不足，攻則有餘。善守者，藏於九地之下；善攻者，動於九天之上。故能自保而全勝也。

見勝不過眾人之所知，非善之善者也；戰勝而天下曰善，非善之善者也。故舉秋毫①不為多力，見日月不為明目，聞雷霆不為聰耳。古之所謂善戰者，勝於易勝者也。故善戰者之勝也，無智名，無勇功。故其戰勝不忒②。不忒者，其所措必勝，勝已敗者也。故善戰者，立於不敗之地，而不失敵之敗也。是故勝兵先勝而後求戰，敗兵先戰而後求勝。善用兵者，修道而保法，故能為勝敗之政。

兵法：一曰度，二曰量，三曰數，四曰稱，五曰勝。地生度③，度生量④，量生數⑤，數生稱⑥，稱生勝。故勝兵若以鎰稱銖⑦，敗兵若以銖稱鎰。勝者之戰民也，若決積水於千仞之溪者，形也。

## 注釋

①秋毫：鳥獸在秋天新長出的細毛，比喻微小的事物。

②忒：差錯。

③度：指計量國土面積大小。
④量：指計量物產多寡。
⑤數：指計算兵員數量。
⑥稱：指對比敵我雙方力量。
⑦鎰、銖：古代二十四兩（一說二十兩）為一鎰，二十四銖為一兩。作者要表達的是這兩個單位之間相差的倍數非常大。

## 譯文

孫武說，真正懂得打仗的人，會先讓自己立於不敗之地，然後等待合適的時機擊敗敵人。無法被戰勝的關鍵在於自己，而能否戰勝對手則取決於敵人。因此，擅長打仗的人可以確保自己不會輸，但無法保證一定能贏。也就是說，勝利可以預見，但不能強求。

當無法戰勝敵人時，就應該選擇防守；當有把握時，才進攻。實力不足時，應該防守；實力充足時，才果斷進攻。擅長防守的人，就像把兵力深藏地底；善於進攻的人，就像從天而降，讓敵人來不及反應。只有這樣，才能保全自己，並贏得全面勝利。

對勝利的預測如果和普通人差不多，那不算是真正高明；浴血奮戰後才取得勝利，即使天下人稱讚，也稱不上最高境界。這就像舉起一根羽毛不代表力氣大，能看見日月不算視力好，能聽見雷聲也不代表聽力靈敏，如果總是戰勝容易戰勝的敵人，並不會因此被認為有智慧，也不會被讚譽為英勇，因為這樣的勝利是建立在絕對穩妥的基礎上，只是沒有出差錯而已。這種無懈可擊的勝利，說明他們的計畫和行動必然導向成功，他們只是擊敗了注定會輸的對手而已。

所以，善於作戰的人，總是先確保自己不犯錯，再抓住敵人犯錯的機會。勝者總是先創造勝利的條件，才發動戰爭，而敗者則往往是先開戰，再尋求勝利的可能性。善於用兵打仗的人，懂得整頓內政，確保法令嚴明執行，這樣才能夠掌握戰爭勝負的決定權。

兵法中預測勝負的依據有五個方面：一是「度」（地勢），二是「量」（資源），三是「數」（兵力），四是「稱」（實力），五是「勝」（勝算）。敵我雙方的地理環境決定了土地的面積，土地面積決定資源的多寡，資源決定軍隊的規模，軍隊決定整體的實力，實力決定了戰爭勝負。因此，勝利的軍隊與失敗的軍隊相比，就像用鎰（較重的砝碼）與銖（較輕的砝碼）相比；而失敗的軍隊與勝利的軍隊相比，就恰如銖與鎰相比。

軍事實力占絕對優勢時，指揮軍隊作戰就如同萬丈高山上的洪流傾瀉而下，勢不可擋，這正是因為雙方實力懸殊，而自然產生的結果。

作者注：在本篇中，孫武所追求的高明勝利，是建立在「不敗基礎」上的勝利。他所談論的攻與守，都是在為這樣的勝利做準備。值得一提的是，「守則不足，攻則有餘」這句話曾在歷史上出現過不同的版本——「守則有餘，攻則不足」。不過，無論是哪種版本，人們在結合上下文後，解讀基本相同。前者的含義更接近「沒有實力的時候要低調防守，有實力時再出擊」。而對後者的解讀是：「我的實力勉強足夠防守，但進攻就不夠了。」總之，不要在實力不足、勝算不大時，貿然進攻。

現代戰爭應用

# 福克蘭戰爭：為什麼阿根廷準備萬全，還是挫敗？

「絕非巧合。」

在美軍前步兵軍官馬克·麥克尼利（Mark McNeilly）看來，《孫子兵法》的戰略思想縈繞在伊拉克戰場上，貫穿在美軍攻克巴格達的整體戰略構想中，這不是偶然，而是必然的結果。

伊拉克戰爭爆發後，法新社也持相同觀點，認為《孫子兵法》深刻影響了美英指揮官的思維和行動，甚至可以說，《孫子兵法》指引著美軍取得戰略勝利。

「勝利」——這個詞在人類的語言中，總帶著無法抗拒的誘惑。

「先確保勝利的條件，再發動戰爭」——這是〈軍形篇〉的核心思想。這個道理並不難理解：如果沒有必勝的準備，就投入戰爭，可謂十分魯莽且愚蠢，這種例子比比皆是，比如一九九四年爆發的第一次車臣戰爭。

開戰前，時任俄羅斯國防部長格拉契夫（Pavel Sergeyevich Grachyov）對總統葉爾欽（Boris N. Yeltsin）表示，對付車臣當地那群「土匪」根本不需要詳細的作戰計畫，勝利指日可待。不僅國防部長抱持著這種輕敵的想法，許多俄軍士兵也認為，只要在車臣首府格羅尼茲開幾槍，就能回家了。

然而，再精良的武器裝備，也無法彌補俄軍盲目自信、準備不足而導致的災難。俄軍在進入格羅尼茲之前，不僅沒有詳細偵察，甚至還使用了大比例尺的野戰地圖，而非應有的城防圖——後者才能準確顯示整個城市的建築結構、兵力部署等詳細資訊。於是，對城內情況一無所知的俄軍，就這樣貿然進城，結果可想而知——他們在格羅尼茲遭遇了慘痛的失敗。

這座城市成了俄軍的煉獄——血水混著泥漿，轟鳴的坦克碾過戰士的屍體……第一次車臣戰爭，最終成為一場「用人命堆積起來的戰爭」。在國內外強烈的反對聲浪中，葉爾欽不得已宣布停戰，撤出車臣，為這場戰爭畫下血淋淋的句點。

因車臣戰爭慘敗，俄羅斯國際威望一落千丈，彷彿一個滿身傷痕的「跛腳巨人」。普丁上臺後，將車臣分裂勢力判定為恐怖分子，並在周密的準備後，發動了第二次車臣戰爭。

一九九九年夏天，俄羅斯動員十萬大軍，配合T–90坦克、米格–29戰機等先進武器，勢在必得。戰爭期間，普丁的強硬態度更是令人印象深刻，他曾放話：「我們將追殺（車臣）恐怖分子。原諒他們是上帝的工作……如果在機場抓住，就在機場槍斃；如果在廁所抓到，就直接溺斃在馬桶裡。」

同年，俄羅斯成功奪回車臣的控制權，不僅殲滅叛軍主力，還扶植了親俄政權。當然，光是做好必勝的準備還不夠，還必須等待敵人露出破綻的時機，這正是《孫子兵法》所說的：「**先為不可勝，以待敵之可勝。**」

做好必勝的準備，並把握戰爭時機，並不容易。無論是準備還是時機，許多人都容易被誤導。當你以為萬事俱備，只待東風，但有時現實卻異常殘酷地回應你，彷彿低聲念著《孫子兵法》：「**勝可知，而不可為。**」

二〇二二年九月，英國女王伊莉莎白二世去世，各國紛紛表達哀悼，只有阿根廷的反應與眾不同，甚至有主持人在電視節目中開香檳慶祝。這場「世仇」究竟從何而來？答案是：一九八二年福克蘭戰役——冷戰時期規模最大的戰役之一。

當時，為了轉移國內矛盾，阿根廷領導人加爾鐵里（Leopoldo Galtieri）決心從英國手中奪回福克蘭群島的主權。阿根廷準備充分，無論是兵力、裝備均強於英軍。此外，阿根廷還擁有地理優勢——福克蘭群島距離阿根廷僅五百多公里，屬於近海作戰，擁有軍事基地、人員，與後勤補給的支援。反觀英國，不僅風光不再，從本土到福克蘭群島更是需要跨越大半個地球，對英國來說，這是一場一萬三千多公里遠的遠海作戰。

阿根廷做好萬全的準備了嗎？看起來是的，一切都安排妥當，且將士們士氣高昂。

開戰的時機對嗎？是對的。當時英國海軍的實力已退居二線，軍隊鬆懈，大型航母也才剛剛退役，僅剩兩艘難堪大任的輕型航母。

那麼，戰爭的開局順利嗎？非常順利。一九八二年四月一日，阿根廷軍隊突襲福克蘭群島，不費吹灰之力就控制了島上的一百多名英軍和員警。

阿根廷不僅準備充分，時機正確，明明勝券在握，「潘帕斯雄鷹」（Pampas Eagle，阿根廷的別名）卻折翼了，究竟是哪裡出了錯誤？

第一個致命錯誤是：阿根廷國內沒有完整的國防工業，武器裝備全靠進口，相當於把命脈交到別人手中。

第二個致命錯誤：錯判自己與他國的關係，沒有預測到武器供應國會在戰爭爆發後，臨陣倒戈。戰爭開始後，英國動用外交手段，說服北約和歐洲共同體對阿根廷實施軍事禁運。這使得阿軍陷入被動位置、彈盡糧絕。很快地，英軍成功奪取制空權，阿根廷海軍的軍艦成為了無法反擊的「活靶子」。

第三個致命錯誤：阿根廷海軍缺乏反潛作戰能力，導致制海權也拱手讓予英軍。開戰不久，阿軍主力巡洋艦就被英軍潛艇擊沉，軍艦、補給艦都不敢出港，瑟瑟發抖「宅」在港口中。

失去制空權、制海權後，阿根廷的敗局已成定局。

客觀來看，阿軍在福克蘭群島海戰中的戰略思想，可說與〈軍形篇〉不謀而合。

但問題是，即使暫不提「知彼」，能夠深刻而徹底地「知己」也並非易事。阿根廷因為錯誤的自我認知，沒有真正做好獲勝的準備，導致接連犯下多個致命錯誤，最終落得兵敗收場。

## 以色列一場豪賭，贏得四倍領土！

相比之下，第三次中東戰爭的情況卻截然不同。同樣沒有完整國防工業的以色列，卻憑藉著美國提供的先進武器，擊中對手的致命弱點，掌握戰略主動權。

一個建國才二十年的國家（一九四八年以色列建國），是如何做到的？

一九六七年，埃及、敘利亞主力部隊在西奈半島、戈蘭高地構築防線，包圍以色列，並封鎖蘇伊士運河。再加上蠢蠢欲動的鄰國約旦，戰爭的陰霾從三面逼近以色列。更糟的是，以色列背靠地中海，沒有戰略緩衝地帶，稍有不慎就有可能陷入亡國危機。

不論阿拉伯聯軍是否發動進攻，以色列已是頭懸利劍，再也無法安心入睡。

那麼，阿拉伯聯軍的實力究竟如何？這把劍究竟有多鋒利？

阿拉伯聯軍擁有蘇聯的支持，總兵力超過五十萬人，配備坦克兩千三百餘輛，還有各型戰機九百五十餘架，大部分都是蘇製裝備。

以色列則擁有美國做靠山，總兵力約二十六萬人（約占全國人口的十分之一），坦克一千餘輛，戰機兩百九十餘架，大部分是美製武器。

戲劇化的是，美國情報部門發現阿拉伯聯軍在西奈半島部署的兵力只有五萬人左右，判斷聯軍沒有立即的進攻意圖，於是警告以色列不要率先挑起戰爭。

然而，「**可勝者，攻也**」。以色列決定先下手為強。

《孫子兵法》的勝戰原則，徹底滲透在以色列的戰略構想之中——**首先，「知己知彼，百戰不殆」**。以色列派出教練機佯裝飛行訓練，實則偵察阿拉伯聯軍的整體動向。雖然埃及早已發現以色列教練機的飛行活動，但並未重視。在偵察過程中，以色列掌握了對手的關鍵情報，包括：空軍基地的位置、雷達設施、防空火力等，甚至連埃及飛行員駕駛米格戰鬥機升空需要十分鐘以上的時間、軍隊交接班時間等細節，都一清二楚。這些情報，決定了以色列能否成功發動閃電戰。

**接著，「以待敵之可勝」**。一九六七年六月五日早上七點，以色列只留了十二架飛機負責本土防禦，其餘所有戰機全部出動，奔向埃及、敘利亞、約旦三國的機場、雷達站等重要軍事目標，展開鋪天蓋地地轟炸。為什麼選擇在這個時間點出擊？因為以色列精準把握了埃及的破綻，利用兩國之間一小時的時差，讓轟炸行動趕在埃及戒備最鬆懈的時刻展開。當以色列戰機抵達目標上空時，埃及的雷達站正忙著下載資料，空中指揮所的預警機正停機維修，軍官士兵們按照慣例，忙著交接早晚班……

壓上全部籌碼「豪賭」的以色列，幾乎摧毀了毫無準備的埃及空軍。當天下午兩點，埃及空軍僅剩三十架戰機倖存，十年心血付諸一炬。約旦和敘利亞空軍也沒有倖免，整場戰爭的制空權，完全落入以色列手中。

在現代戰爭中，失去制空權，幾乎等於失去一切。

最終，以色列僅用六天時間，就摧毀了阿拉伯人十年的努力，打破他們那句鏗鏘有力的豪言壯語——「從地圖上抹掉以色列」。

此番戰役之後，以色列占領西奈半島、戈蘭高地、約旦河西岸，國土擴張六萬五千平方公里，是戰前國土面積的四倍。

雖然阿拉伯聯軍寄望於第四次中東戰爭雪恥，但第三次中東戰爭損失慘重的埃及、敘利亞、約旦，已難以恢復昔日氣勢。自此，埃及失去了「中東大國」的地位，被伊拉克、沙烏地阿拉伯、伊朗取而代之，敘利亞則陷入內亂，而約旦現在所營造的和平發展環境，與其和以色列之間的和解密不可分。

當我們再次比較福克蘭群島戰爭和第三次中東戰爭時，或許會產生一個疑問：同樣仰賴進口武器，為何阿根廷「成也買裝備，敗也買裝備」，而以色列卻能以此打出教科書式的閃電戰？關鍵不在於「買不買」，而是「怎麼買」。兩國之間最大的不同就在於，阿根廷與軍火供應國的關係，僅僅是單純的商業交易，而以色列與美國，則是基於國家利益的深度合作。一個是鬆散的買賣關係，一個是緊密的戰略捆綁。阿根廷正是因為沒有意識到這一點，才會誤以為自己做好了獲勝的準備，魯莽開戰。

孫武對戰爭本質的洞察是永恆的，對勝利的見解也極為透徹。但有趣的是，在〈軍形篇〉中，他用了一個極為誇張的比喻，來描述如何確保勝利。

## 戰略核武器：核導彈vs.鑽地彈的較量

「**善守者，藏於九地之下**」——在以青銅器為主的冷兵器時代，怎麼可能具備「深藏地底」的技術條件？「**善攻者，動於九天之上**」——在沒有飛彈，沒有飛機的時代，擅長進攻的人又怎麼可能飛上天呢？對兩千五百多年前的孫武而言，「**藏於九地、動於九天**」代表的是勝利的理想境界。當然，我們都明白孫武只是使用了誇張的修辭手法，目的是借用誇張的比喻讓思想更加深刻，讓讀者更加重視。然而，令人驚嘆的是，這樣的描述在現代資訊化戰爭中竟然成了現實。

我們先來看「善守者」。在現代軍備體系中，有一類武器裝備被稱作「防禦性戰略武器」，其中最具代表性的，就是藏於九地之下的戰略核武器。

戰略核武器是「不戰而屈人之兵」的威懾性「終極武器」。當一個國家遭受嚴重打擊，重要戰略目標被摧毀時，戰略核導彈就是反擊敵人的最強利器。然而，一旦動用核武器，後果必是毀滅性的。日本作為世界上唯一一個曾經遭受核攻擊的國家，對核武器帶來的災難想必感受深刻。

一九四五年七月十六日，世界上第一顆原子彈在美國阿拉莫戈多（Alamogordo）沙漠試爆成功。

同年八月六日、九日，世界上第二顆、第三顆原子彈先後在日本廣島、長崎爆炸，蘑菇雲升騰而起，這是人類歷史上首次將核武器用於實戰。爆炸的巨大威力讓數十萬人瞬間化為灰燼，這還不包括因輻射而致病的人數。核武器帶來的死亡風暴，讓死戰不降的日本最終低頭、宣布戰敗。

戰略核武器超強的破壞力，使其不可能作為常規武器使用，只能作為國家安全的終極保障，只有在極端情況下才可能動用。它的數量、性能、部署方式都屬機密，對敵人而言，這種不確定性正是最強的戰略威懾。

那麼，這種「國之重器」該藏在哪裡？答案就是——「九地之下」。

一般來講，戰略核導彈大多部署在地下發射井，隱藏於地底，默默守護國家安全，深刻影響著戰爭走勢乃至國際局勢。

一般而言，地下發射井都設於隱密地點，由鋼筋混凝土構築，並經過嚴格加固。比如美國「義勇兵－3型」洲際彈道飛彈的地下發射井，井蓋厚度超過一．五米，重量七百五十噸，整個系統可抵抗小型或中型核彈頭在百米以內的地面核爆。蘇聯（後來的俄羅斯）也非常注重地下發射井的加固，「撒旦」洲際彈道飛彈的發射井更是採用了加固防護的井蓋和厚壁設計，能抵擋百萬噸TNT當量的核彈衝擊。

但是，「有盾必會有矛」，為了摧毀深藏在九地之下的目標，如：發射井、地下指揮中心、彈藥庫等，鑽地彈應運而生。

鑽地彈能鑽進地底，透過延遲引信深入地下，達到預定深度後爆炸，一舉摧毀目標。目前，部分國家已研發出多款鑽地彈，配有常規戰鬥部，部分配有核戰鬥部。

在波斯灣戰爭中，美國首次嘗到鑽地彈的威力，僅用兩枚鑽地彈，就將位於巴格達的阿里米亞（Amiriyah）防空洞夷為廢墟。第一枚鑽地彈直接穿透數公尺厚的鋼筋混凝土防禦，在洞內引爆；第二枚鑽地彈的爆炸讓防空洞內的溫度瞬間高達攝氏五千度，超高溫不僅瞬間氣化了防空洞內的人，也摧毀了防空洞內的裝備。

隨著鑽地彈鑽地的深度越來越深，地下工事也將越挖越深。武器與防禦的較量，如同矛與盾的競爭，推動著技術螺旋式上升。

然而，目前仍有一種戰略核武器難以有效對抗，那就是戰略彈道核潛艇。它們隱蔽在深海，行蹤難測，能夠悄然游弋到最佳攻擊位置，對敵人發動致命一擊。而且，目前各國的反潛技術十分有限，無法有效快速地偵測到核潛艇的行蹤。

武器的「深藏與深挖」可視為「藏於九地」的展現，另一方面，現代的地下工事還具備「反守為攻」的戰略效果。在俄烏戰爭中，巴赫穆特這座城市之所以被認為是

「硬骨頭」，關鍵就在於烏軍在北約的協助下，從二〇一四年開始在頓巴斯地區建造了大量的地下防禦工事，如此複雜堅固的陣地明顯有利於防守的一方，使得巴赫穆特成為「絞肉機戰爭」的代名詞。

由此可見，「**藏於九地**」是為了防守，而防守的終極目的則是保存實力，進而尋找反守為攻的機會。那麼，怎樣的進攻才能堪稱完美？

「**善攻者，動於九天之上**」。這句話是指，善於進攻的人，好似從萬里高空突然發動攻擊。這一觀點跨越時空，與義大利軍事理論家杜黑（Giulio Douhet）的觀點不謀而合。一九二一年，杜黑傾盡畢生心血撰寫的《制空權》問世，他強調：「制空權是贏得一切戰爭的前提，沒有制空權，就注定會失敗，並被迫接受勝利者強加的任何條件。」

## 星際戰爭：從《孫子兵法》解讀「制天權」

認識了制空權後，讓我們再回顧第三次中東戰爭，會發現以色列正是憑藉絕對的空中優勢，才能僅在六天之內徹底改變中東格局。科索沃戰爭、伊拉克戰爭的勝負，也都是取決於制空權的掌控。

進入資訊化時代，制空權的爭奪愈發細化，各個高度層級都成為戰場。武裝直升機、無人機讓「一樹之高」的低空領域，成為必爭之地；防空導彈能夠發射到遠及四百公里、高達三十公里，精準攔截各類空中目標。隨著航空、航太技術不斷發展，制空權的範疇不斷擴展，最終衍生出科技技術要求更高的「制天權」。

近年來，各個軍事強國為了爭奪制天權、贏得未來戰爭制高點，不僅積極發展衛星技術，還在大力研發反衛星武器。美國波音公司研發的「X－37B無人太空梭」便是一例，這款裝備可攜帶機械臂，用於釋放或捕捉不同類型的衛星，如：偵察、導航、通信衛星，還能搭載各類武器，例如：能打擊敵方衛星、太空飛行器的雷射武器，及打擊地面、海面目標的動能武器。

相較於美國的軍事擴張策略，中國與俄羅斯則多次強調不允許太空軍事化。中國發展航太技術的目標是推動科學進步，而非打造新的太空戰場。然而，以美國為首的西方國家卻執意奪取「制天權」，發展「高邊疆戰略」，試圖在太空建立新的霸權體系。

科技的發展推動著戰場變革，而軍事理論則需依附於技術進步而演進。無論是「藏於九地」的防禦，還是「動於九天」的進攻，雖然時代不同，但《孫子兵法》所揭示的戰爭本質依然亙古不變。軍事科技如何發展，都無法掩蓋孫武戰略思想的光輝，他理想化的謀略體系，客觀地展現了戰爭的內在邏輯與整體走向。

因此，當我們從資訊化戰場邁向未來戰爭時，會發現孫武那句：「**故善戰者，立**

**於不敗之地，而不失敵之敗也**」，仍是至理名言。真正善於作戰的人，總是先保證自己不犯錯誤，然後再抓住敵人犯錯的機會。然而，理論歸理論，實踐起來卻並不容易。俄烏戰爭便是明證，雙方都無法成為「善戰者」，因為他們都犯下了許多戰略與戰術上的錯誤。

「**善用兵者，修道而保法。**」俄烏雙方在戰爭動員過程中皆遭遇了嚴重困難，根本原因在於沒有充分認知戰爭的長期性與嚴重性。烏克蘭大量訓練有素的軍隊出現嚴重戰損後，被迫進行二次動員，卻引發社會動盪。同樣，俄羅斯的動員計畫也存在諸多問題，導致大量適齡人員逃避徵兵，甚至出國避戰。

如果交戰一方能夠在技術和戰略上全面領先對手，如人工智慧武裝的軍隊遠勝於傳統以人力為核心的軍隊，配合正確的戰略戰術與強烈的戰鬥意志，便能形成孫子所謂「**決積水於千仞之溪者**」的態勢，勝利的機率就會大大升高。

商場如戰場

# 華為的戰略高地：先追求不敗，才追求勝利

在〈軍形篇〉的開頭，孫武講了一大串話，翻譯成現代語言後，仍然有些難懂，主要分析了「可勝」與「不可勝」之間的關係。簡單來說，就是先確保自己不犯錯，然後等待敵人犯錯。

為什麼說「**勝可知，而不可為**」（勝利不可強求）呢？因為在現實中，客觀事實不會因為我們的主觀意志而改變。全篇中的「敵」，其實是一個偏抽象的概念，並不是指某支具體的軍隊，而是指整體的客觀局勢。所謂「形」，也不是單指地形或陣型，而是指整個戰場的客觀狀況。

孫武要告訴我們的是，戰場上我們能控制的，只有自己這一方。**我們只能確保自己立於不敗之地，而無法確保一定能擊敗對方。等待局勢的變化，才是制勝的關鍵。**

世界上沒有任何系統能夠以百分之百的效率運作，也不存在永遠不會犯錯的人。

孫武的觀點是——不敗的人最終會獲勝。在現實中，通常也是少犯錯誤的一方會取勝。象棋中有一種戰術叫「頓挫」，是指在自己的回合選擇等待，讓對手先行動，等對手一犯錯、露出破綻，便是獲勝的好機會。

同樣的概念對應到商業領域，則是提醒企業要專注於內部建設，保持戰略定力，耐得住性子，等待獲勝時機到來。

「主航道」是華為內部經常提到的核心理念，這個理念貫穿於管理文件、電子郵件以及任正非的演講中。但究竟「主航道」是什麼意思？為何華為如此強調？

「主航道」可以比喻為長江的主流，水流速度最快，力量最強。相對地，邊緣的水流速度較慢，容易形成漩渦，屬於非主航道。華為認為公司應該集中資源，像長江水一樣聚焦在「主航道」，這樣才能釋放出最大的能量。華為強調以優質資源滿足優質客戶的需求，並且在「主航道」上創造出超過成本的價值，非主航道則不能占用主要資源。

那麼，華為的「主航道」是什麼呢？這是基於以下假設：未來資訊社會將擁有極其寬廣的管道，資訊流量巨大。華為稱之為「大流量資訊」機會，並認為這扇大門已經打開。因此，華為選擇聚焦於這一領域，並持續擴展、領先，抓住未來數十年的廣闊機遇。這就是華為的「主航道」。

這一戰略有另一個同義詞——「管道戰略」。華為的業務像是資訊管道的「鐵皮」，這些資訊管道包括資料中心解決方案、骨幹網、移動寬頻、固定寬頻、智慧終端、家庭終端和物聯網通訊模組。這些領域就是華為的「主航道」，其他領域則不是。

在華為，「主航道」上的業務，公司會追求長期回報，並且給予更多的戰略耐性。不在「主航道」上的業務，必須以利潤為核心，其盈利能力必須超過「主航道」業務的盈利能力。華為不允許在非主航道投入過多資源。德國陸軍元帥埃里希·馮·曼斯坦（Erich von Manstein）在《失去的勝利》（*Lost Victories*，繁體中文版由星光出版社出版）中曾說過：「不要在非戰略機會點上，消耗戰略競爭力量。」資訊與通訊技術行業充滿機會，華為擔心員工在追求非主航道的小利時，會占用主航道的資源，從而錯失時代的重大機會。因此，華為要將更多資源投入主航道，提高能力，拉開與競爭對手的差距，這是任正非不斷強調的。

從經營和管理的角度來看，華為堅持創造世界價值，專注於自己擅長的領域。因為資源和力量有限，若盲目擴展，容易分散精力，難以取得成果。保持專注，不偏離主航道，是華為能夠持續成功的關鍵。

此外，任正非不僅擁有強大的戰略定力，還具有遠見。在進入手機市場後，幾乎所有的國內競爭對手都使用谷歌開發的安卓系統，但任正非卻深知「**先為不可勝**」的重要性。他曾經說：「我們現在開發終端操作系統，是出於戰略考量，如果國外突然切斷糧食供應，不再提供安卓系統，甚至不再提供Windows Phone 8系統，我們是不是就完了？同樣地，在做高端晶片時，我並不反對購買美國的高端晶片。我認為要盡可能使用他們的高端晶片，並深入理解。這樣一來，當他們不賣給我們時，我們的東西雖然略遜一籌，但也要湊合著能用。……我們不該狹隘，無論是操作系統還是高端晶片，當別人切斷我們的資源時，我們都要有備而來。」

而後，二〇一九年五月十五日，美國商務部工業與安全局宣布將華為列入「實體名單」，這意味著美國將對華為實施晶片等核心技術的禁運。這一事件證明，任正非當年並非杞人憂天，而是未雨綢繆。他的高瞻遠矚正是《孫子兵法》中「**不可勝在己**」的最好詮釋。

放眼〈軍形篇〉全文，我們會發現孫武一直在強調提升自己，而不是苛求外部局勢的變化，也就是「盡人事，聽天命」，或許我們所能做到的事情，對整體結果來說微不足道，但這是唯一能由我們自己控制的。將這種思維換一種方式表達，正是「機會總是留給準備好的人」。企業經營也是如此，許多大企業在意氣風發時，會將豐富的資金和精力投入長期的科技研究，這些投入短期內或許不會帶來直接回報，但當新時代來臨時，企業才能夠保持競爭力。

「**先不敗，再求勝**」是本章的核心，而如何立於不敗之地，是值得每個人深思的問題。

# 第五章

# 兵勢篇

**真正的強者，都善於營造對己有利的「態勢」**

無論在戰場或商場，一定要有氣勢才能成功，
「勢」如破竹，一旦具備「勢」，皆能無往不利。
那麼，究竟該如何造「勢」？
讓我們來看看全球最善於營造國際局勢的國家——美國，是如何做的。

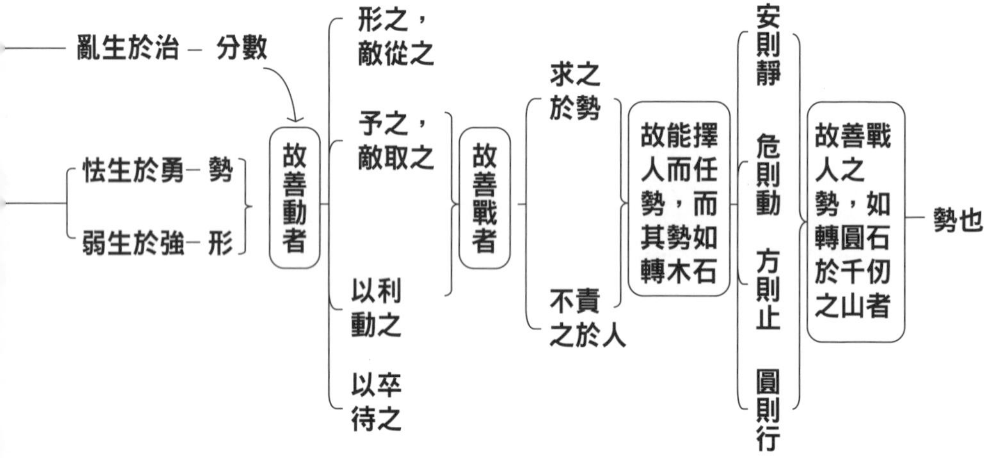
亂生於治
分數
怯生於勇
勢
弱生於強
形
故善動者
形之，敵從之
予之，敵取之
以利動之
以卒待之
故善戰者
求之於勢
不責之於人
故能擇人而任勢，而其勢如轉木石
安則靜
危則動
方則止
圓則行
故善戰人之勢，如轉圓石於千仞之山者
勢也

# 〈兵勢篇〉兵法心智圖

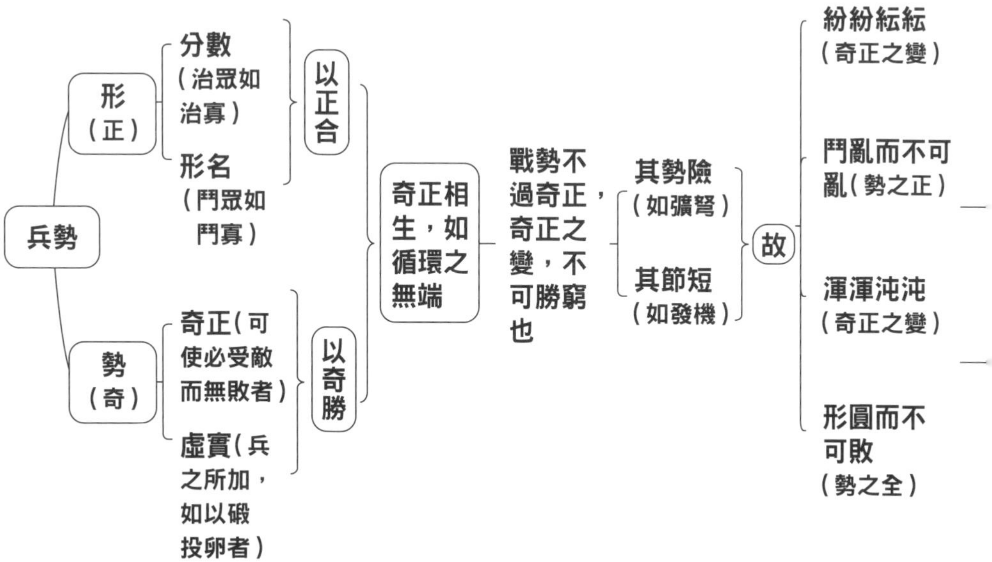
兵勢
形（正）
分數（治眾如治寡）
形名（鬥眾如鬥寡）
以正合
勢（奇）
奇正（可使必受敵而無敗者）
虛實（兵之所加，如以碫投卵者）
以奇勝
奇正相生，如循環之無端
戰勢不過奇正，奇正之變，不可勝窮也
其勢險（如彍弩）
其節短（如發機）
故
紛紛紜紜（奇正之變）
鬥亂而不可亂（勢之正）
渾渾沌沌（奇正之變）
形圓而不可敗（勢之全）

# 〈兵勢篇〉原文

孫子曰：凡治眾如治寡，分數①是也；鬥眾如鬥寡，形名②是也；三軍之眾，可使必受敵而無敗者，奇正是也；兵之所加，如以碫③投卵者，虛實是也。

凡戰者，以正合，以奇勝。故善出奇者，無窮如天地，不竭如江海。終而復始，日月是也。死而復生，四時是也。聲不過五，五聲之變，不可勝聽也；色不過五，五色之變，不可勝觀也；味不過五，五味之變，不可勝嘗也。戰勢不過奇正，奇正之變，不可勝窮也。奇正相生，如循環④之無端，孰能窮之？

激水之疾，至於漂石者，勢也；鷙鳥之疾，至於毀折者，節也。是故善戰者，其勢險，其節短。勢如彍弩，節如發機。

紛紛紜紜，鬥亂⑤而不可亂也；渾渾沌沌，形圓⑥而不可敗也。亂生於治，怯生於勇，弱生於強。治亂，數也；勇怯，勢也；強弱，形也。故善動敵者，形之，敵必從之；予之，敵必取之；以利動之，以卒待之。

故善戰者，求之於勢，不責於人，故能擇人而任勢。任勢者，其戰人⑦也，如轉木石。木石之性，安則靜，危則動，方則止，圓則行。故善戰人之勢，如轉圓石於千仞之山者，勢也。

## 注釋

①分數：指軍隊的組織、編制。
②形名：形與名，指旌旗和金鼓。在文中，指軍隊的指揮、通訊。
③碫：古代指磨刀石，文中泛指石頭。
④循環：旋轉的圓環。
⑤鬥亂：意為在亂糟糟的環境中戰鬥。
⑥形圓：部署周全，指能應付各種情況。
⑦戰人：此處意為指揮士兵。

## 譯文

孫武說，管理大規模的軍隊，就像管理小規模的軍隊一樣，關鍵在於組織架構；指揮大規模的部隊作戰，就像指揮小規模部隊作戰一樣，關鍵在於通訊系統；統領大軍時，面臨敵軍進攻，卻沒有戰敗，是因為善於出奇制勝、運用正道；攻擊敵軍時，如果能夠針對敵方的弱點進行致命打擊，就能像用石頭砸雞蛋一樣容易。

一般來說，戰爭的策略是：用正兵防守敵人，用奇兵取勝。善於出奇制勝的人，戰法就像天地變化一般無窮無盡，像江海一般不會枯竭，像日月一般周而復始，像四季一樣循環往復。中國的音階只有五音，但五音卻能創造出無數變化；中國的傳統正色只有五種（白、青、黑、赤、黃），但五種色彩的組合變化讓人目不暇給；味道也只有五種，但五種味道的組合變化讓人回味無窮。戰術也只有奇、正兩種，但它們千變萬化，並且能夠相互轉換，就像旋轉的圓環，沒有終點，沒有人能使其窮盡。

湍急的水流能沖走石頭，是因為藉助了水勢的迅猛；鷙鳥飛行迅捷、能輕易捕捉鳥雀，是因為掌握了俯衝的節奏。因此，善於作戰的人，會營造出險峻的態勢，並保持緊湊的行動節奏。這種態勢如同拉滿的弓，節奏如同被觸發的弩機。

在混亂中作戰時，要讓軍隊保持穩定不亂；在不確定的情況下作戰時，要能夠部署周全，讓軍隊有能力應對各種情況，這樣才能避免敗北。混亂往往源於嚴整，怯懦來自勇敢，弱小源自強大。軍隊嚴整還是混亂，由組織編制決定；勇敢還是怯懦，由戰場態勢決定；強大還是弱小，由實力對比決定。因此，善於調動敵人的人，會用假象引誘和迷惑敵人，讓敵人聽從他的調度；會釋放一些小的誘因給敵人，讓敵人來搶奪。首先，利用利益調動敵人，再用大軍消滅敵人。

善於作戰的人，會專注於謀求有利的態勢，而不是一味苛求部屬。他們懂得選擇將領來創造有利的局面。能夠利用態勢的人，指揮士兵作戰如同轉動木頭和石頭。木頭與石頭，在平地上通常靜止不動，但在陡峭的斜坡上，圓形的石頭會滾動，方形的則保持靜止不動。因此，善於作戰的人所創造的態勢，就像一塊圓形的石頭從高山滾落，勢不可擋。

現代戰爭應用

## 勝負關鍵在於「體制」：從甲午海戰到鷹爪行動

「槍桿子裡出政權」這句話對中國人來說耳熟能詳，熟悉到我們時常會忽視這句話背後有多麼殘酷。

革命不是請客吃飯，不掌握槍桿子，必將失敗。治理國家不是寫文章、講道理，不掌握槍桿子，國家遲早會走向衰敗。馬基維利（Niccolo Machiavelli）的著作《君王論》中也有著類似的觀點：「手握武器的先知贏得勝利，被解除武裝的先知則走向毀滅。」

放眼世界，離開中國這片古老的大地，「槍桿子裡出政權」的道理依然適用。美國之所以成為占據北美大陸的世界第一強國，除了用錢買下一部分土地，其餘的州都是靠戰爭打下來的。印第安人、墨西哥人、西班牙人……都逃不過美國人的槍桿子。

「**凡治眾如治寡，分數是也；鬥眾如鬥寡，形名是也……**」——「分數」指軍隊編制，「形名」指軍隊的指揮、通訊。孫武在〈兵勢篇〉一開頭，就點出他心目中軍隊應有的最佳狀態：管理一支大軍，就像管理一支小部隊；統領千軍萬馬作戰，就像指揮一小隊士兵一樣。

如果我們順著「槍桿子裡出政權」的邏輯，再結合孫武的觀點繼續推演，就會明白，孫武為何一開始就強調軍隊的管理、組織、指揮、通訊和戰術的重要性。因為這些環節，都屬於軍事體制的一部分。而軍事體制的優劣，以及相關制度法紀的執行狀況，直接決定了一支軍隊的未來。

「槍桿子」如此關鍵，即使是軍事強國，也無時無刻不在思考如何變得更強。因此，各大國一直根據現實需求調整軍事戰略，目標讓「決策更科學、管理更高效、指揮更便捷」，持續推動軍事體制改革。

軍事體制真的如此關鍵？當然！

成也體制，敗也體制。晚清軍事史，就是最好的教訓。

一八六〇年代，洋務運動拉開中國軍事現代化的序幕。然而，眾所周知，這場改革只是「半吊子」，軍事改革只局限於技術革新，例如：造槍、造炮、造船等，卻沒有徹底改革最關鍵的軍隊政策、體制與運作機制。於是，到了甲午海戰，我們會發現軍事制度與戰爭觀念依然陳舊不堪，而軍隊的裝備雖然是新式的，卻都是花錢買來的。

當時，軍隊將屢戰屢敗之原因歸咎於「沒有足夠的制勝武器」，奠定了一敗塗地的結局。隨著北洋水師的覆滅，洋務運動也在歷史上畫下了一道滴著鮮血的句號。

正如時人評價：「**尤足患者，在於軍制冗雜，事權分歧，紀律廢弛。**」（真正令人憂心的問題，在於軍事制度過於繁瑣、權責不清、紀律鬆散。）

如果軍隊的編制與指揮系統運作良好，戰鬥力自然能夠得到保障；反之，軍隊將無法真正發揮實力，甚至會釀成悲劇。不論是裝備落後的北洋水師，還是擁有最先進武器的美軍，皆是如此。美國「鷹爪行動」（Operation Eagle Claw，解救伊朗人質危機的軍事行動）失敗，正是軍事組織問題的典型案例，尤其暴露了聯合作戰與指揮體系上的嚴重缺陷。

「鷹爪行動」原本是為了解救人質，最終卻以機毀人亡收場。其中，混亂的指揮調度、離譜的營救計畫，以及令人唏噓的結局，可能會讓讀者聯想到「雞爪行動」這種略帶諷刺意味的說法。在國際軍事史上，這起失敗極為著名，以至於經常被拿來剖析與討論。深入分析「鷹爪行動」的失敗原因，不難發現，這是越戰時期延續下來的美軍軍事組織問題。

從越南戰爭中我們可以看到，美軍聯合作戰指揮體系存在諸多矛盾，光是空中部隊就分成三個指揮體系：駐越軍援司令部、太平洋戰區空軍司令部，和太平洋艦隊司令部。三者關係錯綜複雜，各自為政，導致指揮混亂，協調困難。

這類體制上的矛盾問題，不僅體現在「鷹爪行動」的慘敗中，也出現在一九八三年美國入侵格瑞那達的行動中。儘管最終達成戰略目標，但軍事體制上的問題依舊如揮之不去的煙霧，為美軍的勝利蒙上一層陰影。就像越戰中的「各自為戰」，在入侵格瑞那達的行動中，美國陸軍部隊、海軍陸戰隊分屬各自的指揮體系下，各自作戰，彷彿在應該統一指揮的戰場上硬生生釘進了一枚扎眼的楔子。

指揮分裂的情況到底有多嚴重呢？嚴重到陸軍直升機降落在海軍軍艦上時，海軍指揮官卻被告知不能幫陸軍的直升機加油，理由是「與陸軍的財務交接尚未完成」。難怪有評論指出，美軍入侵格瑞那達儘管獲得了「表面上的勝利」，卻掩蓋了一場「搞砸了」的真相。

## 聯合作戰：美軍與俄軍的勝利方程式

一九八〇年代起，美軍開始醞釀軍隊重組，並於一九八六年通過《高華德—尼可斯國防部重整法案》（*Goldwater–Nichols Act*），打破了美軍各軍種之間的指揮權障礙，逐步建立起「戰區中心型」的聯合作戰體制。而衡量這場軍事體制改革是否成功，最終還是要看它能否禁得起實戰的考驗。

美軍「第二次費盧傑作戰行動」（Second Battle of Fallujah），代號「新黎明」（The Dawn），是伊拉克戰爭中規模最大的城市攻堅戰。孫武在〈謀攻篇〉曾指出：「上兵伐謀」、「其下攻城」，攻城是最不得已的選擇。美軍在不得不攻城的情況下，雖然歷經艱難，最終仍取得勝利。仔細分析這場戰役獲勝的原因，關鍵在於「聯合」二字。相較於伊拉克戰爭時，美軍僅在高層制定聯合作戰計畫，師級單位仍各自為戰，在「第二次費盧傑戰役」中，美軍的聯合作戰編組進一步延伸到連排級。時任美海軍陸戰隊第一遠征軍司令薩特勒（John F. Sattler）認為：「沒有聯合，這場戰役根本打不贏。」。

費盧傑是一座距離伊拉克首都巴格達六十九公里的小城。薩達姆政權被推翻後，這裡聚集了大量反美武裝部隊。美軍為了消滅這些反對力量，並為即將舉行的伊拉克選舉鋪路，在二〇〇四年發動第二次費盧傑戰役。

在制定作戰計畫之初，美軍就確立了「聯合作戰」的核心策略。與入侵格瑞那達時海軍不願為陸軍直升機加油的窘境不同，這次行動中，海軍陸戰隊主動將一個輕型裝甲連編入陸軍單位。戰鬥過程中，「聯合」貫穿始終——參戰各軍兵種遵循相同的交戰規則，共用相同的作戰地圖、情報資源。此外，美軍還設立了聯絡組，互派聯絡官進行協調，空軍也派遣聯合戰術空中控制員進入地面部隊，使其能夠直接呼叫空中火力支援。

當然，美軍的聯合作戰並非完美無缺。比如，通訊就是一大難題。城市戰的特點之一是通訊環境複雜，電磁干擾和建築遮蔽會影響通訊設備的運作。此外，美軍各軍種使用的通訊系統並不統一，導致戰場通訊困難，進而影響作戰協調與執行效率。

回顧第二次世界大戰至今，美軍至少進行過三次以上大規模軍事體制改革，特別是在聯合作戰指揮體系方面，展開了大幅強化與改革。美軍的聯合作戰指揮體制主要進行了以下三大改革：

❶成立指揮機構：即國防部、參謀長聯席會議（參聯會）和聯合司令部。

❷建立指揮體系：即「作戰指揮鏈」和「行政指揮鏈」。

❸明確劃分職能分工：國防部、參聯會、聯合司令部、各軍種部門各司其職。

這些改革不僅讓美軍的組織架構更加完善，他們也在一次次殘酷的戰爭中實際考驗改革的結果。

在冷戰後的多場局部戰爭中，不僅美國深刻認識到聯合作戰的重要性，俄羅斯也非常重視聯合作戰體制的建設。二〇〇八年俄喬戰爭後，俄軍推動了一場大規模的「新面貌」軍事改革，重組並改造軍區，使軍區具備聯合戰略司令部的職能；取消軍種作戰指揮權，將海軍、空軍、太空軍併入總參謀部的武裝力量中央指揮所……俄軍在敘利亞戰場上的表現，證明了俄軍的軍改有所成效。

然而，俄羅斯並未就此停下腳步。在俄烏戰爭中，俄軍一邊作戰一邊調整，甚至率先引入「瓦格納」雇傭兵來增強前線戰力。由於俄烏戰爭本質上是一場「美俄混合戰」，這場軍事衝突對美俄兩軍都是重大考驗，也標誌著世界各國最新一輪軍事體制改革的開端。如今，俄羅斯已提出二〇二三到二〇二六年度軍改計畫，包括：強化核武力量以確保對北約的戰略威懾、重建以陸軍為核心的聯合作戰體制、大幅擴充兵力、加快彌補資訊化能力不足等缺陷。

從這些趨勢不難看出，世界各主要國家都在加快以「聯合」與「資訊化」為目標的軍事體制改革。英國、印度、日本、德國等國也正密集推動軍改。

歷史經驗告訴我們，缺乏有效的軍事體制與作戰機制，在戰場上失敗幾乎是必然的結果。對現代戰場，乃至未來的戰爭來說，勝利的關鍵已不再是單純地依賴火力，而是打造一支能夠整合「位元」力量的軍隊，讓各個戰力單位如同五指併攏成拳，發揮最大戰鬥效能。

## 三三制：坦尚尼亞奇兵戰術

軍事體制不僅決定了一支軍隊的生命力，是驅動勝利的車輪，也是強化《孫子兵法》中「奇正」、「虛實」的核心。

奇正相生、虛實互換，兩者雖然表面上看似對立，但組合起來變化無窮，若要簡單提煉其精髓，可以歸納為兩個字——「創新」。

唯有創新，才能達到「**奇正相生，如循環之無端，孰能窮之**」的境界。

談到創新，就不得不提「三三制」。

「三三制」是中國人民解放軍在戰術上的一大創新。從大範圍來看，三三制如同一個「口袋陣」——兩翼展開，中間斷後，敵軍一旦攻入，側翼即可迅速包抄，圍而殲之；從小範圍來看，三三制的戰鬥隊形呈三角排列，士兵互相掩護，以一當十。

一九六〇年代，中國對坦尚尼亞提供全方位援助，其中包含軍事援助。不僅傳授了解放軍的體制、編制，還傳授了訓練制度、內部軍紀規範，更少不了戰術上的指導，例如三三制的應用。在中國教官的協助下，坦尚尼亞軍隊建立了一套相對完善的軍事體系，無論是武器裝備還是戰術素養，都在非洲國家中名列前茅。

不久後，這支深受解放軍影響的坦尚尼亞軍隊（以下簡稱坦軍），迎來了他們的第一場大戰。

一九七八年十月，擁有「非洲暴君」之稱的烏干達前總統阿敏（Idi Amin Dada），為轉移國內矛盾，對坦尚尼亞發動侵略戰爭。開戰之初，坦軍毫無準備，卡蓋拉（Kagera）地區迅速落入烏軍之手。

「暴君」阿敏萬萬沒想到，坦尚尼亞竟然能迅速組織起強力反攻。當時的坦尚尼亞總統尼雷爾（Julius Kambarage Nyerere）立刻發動全國動員，集結十萬大軍投入戰鬥，並展開空地聯合作戰，空中有戰機掩護，地面則由步兵、坦克、火炮協同作戰。在編制體制、戰略戰術層面汲取了解放軍養分的坦軍，勢如破竹，不到一個半月就成功將烏干達軍隊趕出國境。

不甘心的烏干達隨後請來利比亞援軍，沒想到坦軍靈活運用「三三制」，發動「兩翼包抄、圍而殲之」的戰術。利比亞援軍被重重包圍，最後不得不選擇投降，被遣返回國。最終，坦軍只傷亡三百多人，並且一舉進入烏干達首都，駐軍長達八年。

《孫子兵法》一再強調戰爭帶來的災難，不論是贏得勝利的坦尚尼亞，還是被占領的烏干達，雙方都付出了沉重代價。

但無論如何，這場戰爭再一次驗證了以下道理：即結合高效的軍事體制與創新戰術結合，便能在戰場上發揮出強大的制勝效果，這正是「奇正」的奧妙。

究竟，什麼是「奇正」？所謂「**以正合，以奇勝**」，可以這樣理解：

正，在戰略層面指完善的軍事體制、架構，在戰術層面指有組織、有紀律。

奇，在戰略層面指整體實力具有壓倒性的優勢，在戰術層面指戰法創新，也就是我們常說的出奇制勝。

回顧第二次費盧傑戰役、烏干達－坦尚尼亞戰爭等近代戰爭案例，就會發現，這種「**以正合，以奇勝**」的戰略思維，竟然自春秋戰國時代開始便貫穿千年，至今仍在戰場上發揮關鍵作用。

## 善戰者，善於在戰場上「造勢」

現在，我們將目光轉回孫武的時代。那時正處於奴隸社會向封建社會轉型的大變革期，戰火連綿不斷，誰能掌握作戰之道，誰就能建立千秋霸業。

那麼，何謂真正的「善戰者」？

在〈軍形篇〉中，孫武強調：「**先為不可勝，以待敵之可勝**」，意思是指，擅長作戰的人，會透過周密的準備來確保不敗，並靜待敵人露出破綻，再一舉擊潰對方。

在〈兵勢篇〉中，他進一步拓展了「善戰者」的內涵。

首先，「**其勢險，其節短**」，善戰者會營造險峻的態勢，跟隨著緊湊的節奏行動；其次，「**求之於勢，不責於人**」，成功的關鍵在於掌握優勢，而不是苛責士兵。

簡單來說，〈軍形篇〉講求的是**戰前準備**，而〈兵勢篇〉則強調**如何造勢**，也就是創造對己方有利的局面。孫武用「**勢如彍弩，節如發機**」來比喻戰爭的節奏，就像拉滿的弓弩，一旦時機成熟，就能一擊必中——即使實力較弱的一方，也能擊敗強者。

在本篇中，孫武花費大量篇幅描述何種「勢」能夠致勝，以及這種「勢」應該具備的特徵。若跳脫戰爭視角，從戰略層面來看，「勢」在當今已延伸出另一層含義——國際局勢。

國際局勢錯綜複雜，對戰爭的走向影響深遠，其中最典型的例子便是波斯灣戰爭與敘利亞軍事衝突。

一九九〇年，伊拉克入侵科威特，以美國為首的聯軍隨即展開攻擊，波斯灣戰爭爆發。聯軍出兵有法理依據嗎？有，聯合國安全理事會通過了第678號決議。有了國際正式授權，美國出兵便師出有名，獲得了宏觀上的「勢」，不僅贏得戰爭，還獲得豐厚利益。

二〇一一年，敘利亞爆發內戰，六年後美國介入。美軍對敘利亞霍姆斯省的軍用機場發射了五十九枚戰斧巡弋飛彈，川普政府更以敘利亞政府使用化學武器為由，聯合英、法攻擊敘利亞三座化學武器設施。然而，這次美國出兵敘利亞，有法理依據嗎？沒有。聯合國是否批評？是的，聯合國敘利亞問題獨立調查委員會多次譴責美軍發動「無差別攻擊」，涉嫌戰爭罪。

這些批評並未讓美國收手，西方國家也選擇沉默，但美國在國際法理上仍然站不住腳，「勢」自然也弱了一截，導致美軍在敘利亞戰場處處受阻。二〇二三年初夏，敘利亞重返阿拉伯聯盟，象徵阿薩德政權（編注：於二〇二四年倒臺）獲得中東地區的普遍承認。俄羅斯媒體甚至稱這一結果為「美國中東政策的最終失敗」。

若從國際關係角度來看，「勢」可由內因與外因構成，內因是衝突雙方，外因則是國際局勢，兩者相互作用，彼此之間可能會互相轉化。例如福克蘭群島戰爭與俄烏衝突便是典型案例。福克蘭戰爭初期，阿根廷獲得美國、法國等國支持，國際局勢對阿根廷有利。然而，隨著英國施壓，美國與法國轉變立場，國際局勢驟變，阿根廷戰敗已成定局。

在俄烏戰爭期間，國際局勢也在不斷變化，以德國為例，德國從最初支持《明斯克協議》（*Minsk Agreement*）到破壞協議，又從保持謹慎轉為全力援助烏克蘭。這種立場變化不僅影響歐洲安全，也讓衝突愈發複雜。當中立者、旁觀者變成直接參與者，必然導致戰場局勢越來越複雜。

歸根究柢，無論是戰場還是國際局勢，「勢」都與「人」密不可分。第二次世界大戰後，美國提出《馬歇爾計畫》，即歐洲復興計畫。表面上，美國是要慷慨幫助歐洲重振經濟，實際上是為了掌控歐洲戰略局勢。這一計畫至今仍深刻影響著國際關係。一方面，《馬歇爾計畫》促成冷戰時期的兩極格局；另一方面，它成功幫助美國綁架了歐洲，讓歐洲的安全體系長期依賴美國，美國以「核保護傘」為名，對歐洲施加戰略束縛。

**那麼，美國究竟如何造「勢」？關鍵在於掌握國家或地區的命脈**，例如，透過援助工業或軍事武器，來達到控制其他國家命脈的目的。

「勢」如破竹。一旦具備「勢」，無論在戰場或商場，皆能無往不利。而這，正是《孫子兵法》的核心要義。

商場如戰場

# 亞馬遜如何用Kindle打造第二曲線？

在〈兵勢篇〉中，孫武強調，要想立於不敗之地，關鍵在於「奇正」二字——「**以正合，以奇勝**」。「正」的含義相對明確，指的是正規戰法，但是「奇」有兩種略不相同的解釋。

第一種解釋，是我們熟悉的「奇謀」、「神奇」的「奇」，讀作「ㄑㄧˊ」，與前文「兵者，詭道也」的戰略思想相呼應。這種「奇」指的是用正規部隊與敵軍交戰，再以出其不意的奇兵決定勝負。另一種解釋則讀作「ㄐㄧ」，也就是對應「偶數」的「奇數」中的那個「奇」，在古代也有「餘數」、「零頭」的意思，指多餘的部分，同樣是指用常規部隊與敵人作戰，然後用多餘的兵力，也就是預備部隊取勝。

想像一場對壘，雙方主力正面交戰，然後雙方統帥根據戰場的變化，在關鍵時刻投入新的力量，以改變或決定戰局，這便是「出奇制勝」。換言之，不能將所有資源一股腦兒投入，而是要留有餘力，以備隨時應變。

在商業領域，最符合孫武「出奇制勝」思想的，當屬莫里森（Ian Morrison）提出的「第二曲線」（The Second Curve）理論。莫里森認為，企業的發展可以用兩條曲線來描述。

**第一曲線**，代表企業的初始成功階段，這一時期通常伴隨著創新、推出新產品及市場占有率提升。然而，隨著時間推移，企業可能會陷入固有經營模式，創新能力減弱，市場份額與盈利面臨挑戰。

**第二曲線**，則象徵企業在適應環境變化時，開啟的新成長階段。企業需要積極尋找新的增長點，透過再創新、改革與探索新領域，重新煥發活力。這意味著企業不能固守過去的成功模式，而應適時轉變，開闢新的成長路徑。

企業應該在第一曲線仍然強勁時，就開始尋找第二曲線，而不是等到陷入困境時才尋求新的成長機會。這種尋找第二曲線的能力，對企業的可持續發展至關重要。

以亞馬遜為例，Kindle電子書閱讀器正是「第二曲線」的代表，其誕生過程充滿創意、膽識與對市場的深刻洞察。

二〇〇四年，電子書市場風起雲湧。當時，亞馬遜創始人傑夫・貝佐斯敏銳察覺到電子書的潛力，認為電子書將成為數位時代的重要趨勢。然而，他也意識到市場的挑戰——當時電子書閱讀器技術尚不成熟，使用者接受度不高，如何讓消費者願意擁抱這一新概念，成為亞馬遜面臨的關鍵課題。

亞馬遜成立了一個特別小組來負責這個新項目。為了避免受到既有組織思維的影響，貝佐斯特意將這個團隊與亞馬遜在西雅圖的總部隔離，將該團隊的工作地點設於加州帕羅奧圖。

這個團隊的目標很明確：打造一款優秀的電子書閱讀器，它必須像紙本書一樣方便、易用，還要能存儲大量書籍。這就是亞馬遜的「奇兵」——Kindle。

團隊的成員來自不同領域，包含：軟體工程師、硬體工程師、設計師、編輯等。每個人都對這個計畫充滿熱情和信心，然而，挑戰也同樣巨大。技術上，他們需要突破當時電子書閱讀器的局限，設計一款續航持久、易於閱讀且輕巧便攜的設備；市場上，他們則面臨如何說服人們放下紙本書籍，接受數位閱讀的全新方式。

經過不懈努力，他們終於在二〇〇七年十一月推出了第一代Kindle。這款設備採用了電子紙（E-ink）技術，讓閱讀體驗更接近傳統紙質書籍。它的設計精巧，電池續航時間長，可以儲存多本書，使其成為電子書閱讀器市場的先驅者。

為了確保Kindle成功，亞馬遜還採取了大膽的市場策略。他們推出電子書自助出版平臺，讓作者能夠自由發表作品，從而累積大量數位圖書資源，不僅豐富了讀者的選擇，也為Kindle的普及奠定了基礎。此舉不僅改變了人們的閱讀習慣，也改變了整個出版行業的格局。

回頭看中國。二〇二二年三月三十日，華為在深圳舉行了「第二批軍團組建成立大會」，宣告正式成立十個新軍團。這些軍團涵蓋：電力數位化、政務一網通、機場軌道、互動媒體（音樂）、運動健康、顯示與晶片技術、園區網路、資料中心網路、資料中心基礎設施和網站及模組化電源領域。上述軍團制度是借鑑自谷歌的特殊組織模式，強調追求行業領先和持續創新。

在華為，「軍團」是一種高效的組織方式，能夠快速整合資源，提高效率，專注於特定領域以創造更多價值。這種架構不僅讓華為能更精準地響應客戶需求，加快資源整合與傳遞效率，也為企業與華為的合作提供了更順暢的管道，形成共贏的商業模式。作為華為的「奇兵」，這十大軍團的成立，讓華為在應對複雜多變的商業環境時，更具靈活性與競爭力。

因此，我們在看待問題時，不能靜態思考，而應以動態視角來觀察事物的發展趨勢。當我們順應「勢」的變化，原本看似無法突破的困境，或許就會出現新的轉機與破綻。

第六章

# 虛實篇

**避實擊虛，讓敵人無法摸清楚你的底牌**

在本篇中，孫武聚焦於戰場上「虛」與「實」之間的轉換，也就是作戰必須運用靈活的戰術，不能有固定的戰法，如同流水沒有固定的形狀。根據敵人的變化來取勝，才是真正的用兵如神。

- 此轉實為虛之法，致人之術也
  - 為敵之司命
    - 至於無形
    - 至於無聲
      - 故
        - 善攻者，敵不知其所守
        - 善守者，敵不知其所攻
          - 故
            - 攻而必取者，攻其所不守也
            - 守而必固者，守其所不攻也
            - 行千里而不勞者，行於無人之地也

- 故
  - 知戰之地，知戰之日 — 千里會戰
  - 不知戰地，不知戰日
    - 左不能救右
    - 右不能救左
    - 前不能救後
    - 後不能救前
      - 故勝可為，可使無鬥
        - 策之而知得失之計
        - 作之而知動靜之理
        - 形之而知死生之地
        - 角之而知有餘不足之處
          - 故兵形之極，至於無形
            - 深間不能窺
            - 智者不能謀
              - 因形而錯勝於眾，眾不能知
                - 戰勝不復，而應形於無窮

# 〈虛實篇〉兵法心智圖

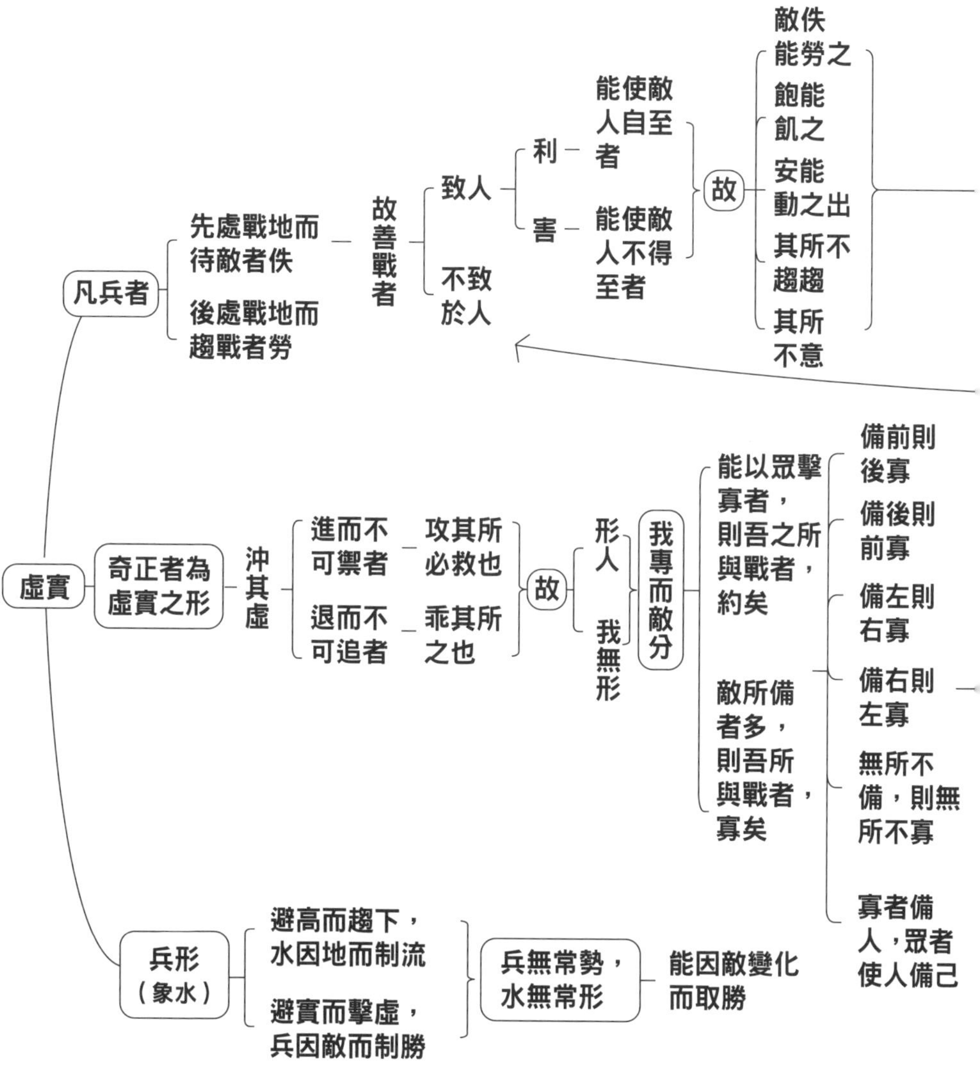

虛實
凡兵者
先處戰地而待敵者佚
後處戰地而趨戰者勞
故善戰者
致人
不致於人
利
能使敵人自至者
害
能使敵人不得至者
故
敵佚能勞之
飽能飢之
安能動之出
其所不趨趨
其所不意
奇正者為虛實之形
沖其虛
進而不可禦者
攻其所必救也
退而不可追者
乖其所之也
故
形人
我無形
我專而敵分
能以眾擊寡者，則吾之所與戰者，約矣
敵所備者多，則吾所與戰者，寡矣
備前則後寡
備後則前寡
備左則右寡
備右則左寡
無所不備，則無所不寡
寡者備人，眾者使人備己
兵形（象水）
避高而趨下，水因地而制流
避實而擊虛，兵因敵而制勝
兵無常勢，水無常形
能因敵變化而取勝

# 〈虛實篇〉原文

孫子曰：凡先處戰地而待敵者佚，後處戰地而趨①戰者勞，故善戰者，致人而不致於人。能使敵人自至者，利之也；能使敵人不得至者，害之也。故敵佚能勞之，飽能飢之，安能動之。

出其所不趨，趨其所不意。行千里而不勞者，行於無人之地也；攻而必取者，攻其所不守也；守而必固者，守其所不攻也。故善攻者，敵不知其所守；善守者，敵不知其所攻。微乎微乎，至於無形；神乎神乎，至於無聲，故能為敵之司命。

進而不可禦者，沖其虛也；退而不可追者，速而不可及也。故我欲戰，敵雖高壘深溝，不得不與我戰者，攻其所必救也；我不欲戰，畫地而守之，敵不得與我戰者，乖②其所之也。

故形人而我無形，則我專而敵分。我專為一，敵分為十，是以十攻其一也，則我眾而敵寡；能以眾擊寡者，則吾之所與戰者，約③矣。吾所與戰之地不可知，不可知，則敵所備者多；敵所備者多，則吾所與戰者，寡矣。故備前則後寡，備後則前寡，備左則右寡，備右則左寡，無所不備，則無所不寡。寡者，備人者也；眾者，使人備己者也。

故知戰之地，知戰之日，則可千里而會戰。不知戰地，不知戰日，則左不能救右，右不能救左，前不能救後，後不能救前，而況遠者數十里，近者數里乎？以吾度之，越人之兵雖多，亦奚④益於勝敗哉？故曰：勝可為也。敵雖眾，可使無鬥。

故策之而知得失之計，作之⑤而知動靜之理，形之而知死生之地，角之⑥而知有餘不足之處。故形兵之極，至於無形。無形，則深間不能窺，智者不能謀。因形而錯⑦勝於眾，眾不能知；人皆知我所以勝之形，而莫知吾所以制勝之形。故其戰勝不復，而應形於無窮。

夫兵形象水，水之形，避高而趨下，兵之形，避實而擊虛。水因地而制流，兵因敵而制勝。故兵無常勢，水無常形，能因敵變化而取勝者，謂之神。故五行無常勝，四時無常位，日有短長，月有死生。

## 注釋

①趨：疾行。在本文中，可以理解為倉卒應戰。
②乖：背離。
③約：少、寡。
④奚：何，做疑問詞使用。
⑤作之：有挑動之意。

⑥角之：有較量之意。
⑦錯：通「措」，放置。

## 譯文

孫子說：凡是先占據作戰地點、等待迎擊敵人的就會輕鬆很多，而後趕來作戰地點被動應戰的就會很疲憊。因此擅長作戰的人，能調動敵人而不被敵人調動。能讓敵人自己到達我們預定的地域，是因為我們用利益誘惑了他；能使敵人不能到達他們想去的地方，是因為我們讓敵人認為這樣做是對他不利的。因此，敵人休整得好，我們就要設法讓他疲憊；敵人軍餉充足，我們就要設法讓他餓肚子；敵人駐紮安穩，我們就要設法使敵人躁動。

出兵要去往敵人無法快速救援的地方，要突襲敵人無法預料到的地方。奔行千里而不感到疲憊，是因為行進在沒有敵人襲擾的地方；進攻一定能獲勝，是因為攻擊了敵人沒有防守的地方；防守一定穩固，是因為防守的地方是敵人難以攻克的。因此，善於進攻的人，敵人是不知道怎樣防守他的；善於防守的人，敵人也不知道怎樣進攻他。真是精妙啊！看不到行跡，也聽不到聲音，這樣就能掌握敵人的命運了。

前進時敵人無法阻擋，是因為攻擊了敵人虛弱的地方；後退時敵人無法追擊，是因為行軍速度很快，敵人趕不上。只要我們想作戰，敵人就算退守於高壘深溝，也不得不跟我們作戰，是因為我們攻擊了敵人不得不去救援的地方；我們不想作戰，即使畫地而守，敵人也沒法與我們作戰，是因為我們設法改變了敵人的進攻方向。

因此，敵人暴露行蹤而我們的行蹤被隱藏時，我們集中了力量，而敵人分散了力量。如果集中的我方是一份力量的話，敵人就是一份力量被分成了十份，這樣我們就能用十倍於敵人的力量來進攻，所以我們人多，敵人人少，能這樣以多打少，那麼敵人就會大受限制。敵人不知道即將與我們作戰的地方，就會在許多地方做準備；一旦他們做了許多準備，那麼與我們作戰的人數就會變少。因此敵人防備了前面，後面的兵力就薄弱；防備了後面，前面的兵力就薄弱；防備了左邊，右邊的兵力就薄弱；防備了右邊，左邊的兵力就薄弱。如果他們到處都防備了，那麼各個位置的兵力都會相對變薄弱。敵人作戰兵力少，是因為敵人要處處防備我們；我們作戰兵力多，是因為我們使敵人做了許多防備。

所以，事先知道作戰的地點和時間，哪怕行進千里也可以去與敵人作戰；無法事先知道作戰的地點和時間，那麼就會前後左右都不能相救。更何況在遠則數十里，近則數里範圍內協調作戰呢？

根據我的分析，越國雖然兵力多些，但對於戰爭勝負又能發揮多大作用呢？勝利是可以爭取到的，敵人雖然人數多，但他們無法用全部力量與我們交戰。所以，要通過謀劃知道敵人的優劣、長短，挑動敵人以觀察他們進退的規律，偵察敵情以了解地形有利還是不利，與敵人小規模較量以探明虛實和強弱。因此，將偽裝佯動用到極致，就可以絲毫不露行跡。如果能做到絲毫不露行跡，那麼即使有深藏的間諜也無法窺探我們的企圖，即使再高明的對手也想不出應對之策。根據戰場形勢靈活變化、克敵制勝，即使把勝利的結果擺在大眾面前，大眾也不知其中奧妙。人人都知道我勝利時候的形勢，卻不知道我是如何勝利的。所以每次取勝都不能重複使用老辦法，而是要根據不同的情況，變化無窮。

用兵就像流水一樣。流水的規律就是避開高處往低處流，而用兵的規律就是避實擊虛。水的流動受到地形的制約，而用兵則要根據敵情決定勝利的方式。因此，作戰沒有固定的方法，而流水也沒有固定的形狀，能夠根據敵人的變化來取勝，才可稱為用兵如神。

這就像五行相生相剋，沒有哪一個能常勝；四季更迭，沒有哪一個季節會一直存在；白天有長有短，月亮有圓有缺。

現代戰爭應用

# 帝國墳場阿富汗：塔利班是虛實戰術王者

「If you know the enemy and know yourself，you need not fear the result of a hundred battles.」這句話是《孫子兵法》名句「知己知彼，百戰不殆」的英文譯文，出現在號稱為「反塔利班鬥士」阿富汗前副總統薩利赫（Amrullah Saleh）的社交媒體的簡介中，格外耐人尋味。

當我們翻到《孫子兵法》第六章〈虛實篇〉時，那些長期密切關注阿富汗戰爭的讀者朋友可能會會心一笑。畢竟，真正將「避實擊虛」貫徹到底的，是塔利班領導的反美武裝部隊，而這句名言或許更適合出現在他們的簡介中。

塔利班及其盟軍在戰場上運用「避實擊虛」的戰略，達成了十分戲劇化的效果——美國在阿富汗戰場上投入了二十年、耗費數兆美元，卻未能徹底擊潰塔利班。最終，美國傾力扶植的親美政權慘烈潰敗，總統加尼倉皇出逃，結局竟是「用塔利班取代塔利班」。

阿富汗，不愧是「帝國墳場」。

二〇一一年，美軍在阿富汗發起「落錘行動」（Operation Hammer Down），這是自二〇〇一年發動「反恐戰爭」以來，規模較大的一次軍事行動。戰爭已經進入第十年，反美武裝不僅沒有被消滅，反而更加熟悉美軍的戰術特點。為了擺脫戰爭泥淖，美軍決定徹底摧毀位於瓦塔普爾（Watapur）山谷的反美武裝訓練基地，「落錘行動」因此展開。

然而，行動首日，美軍就陷入了「錘」不知該落向何處的困境。美軍到達戰場後，發現戰場情況與作戰計畫大相逕庭——地形十分複雜，武裝分子神出鬼沒，他們一抵達就先遭到伏擊，請求直升機支援卻險些發生火力誤傷。隨後，美軍被敵軍圍攻，一名排長陣亡，被迫動用預備隊，但運送預備隊的直升機卻墜毀，形勢更加惡化。

美軍能夠發起反擊嗎？實際上，困難重重！因為敵軍藏身之處難以確定，美軍的精確打擊形同虛設，只能乾瞪眼。

那麼，美軍能夠補充物資嗎？難上加難！阿富汗地形複雜，天氣惡劣，美軍只能用固定翼飛機空投物資，還常常投錯區域，不少物資直接落入反美武裝手中。

後勤補給跟不上，最終導致美軍陷入失敗的境地。由此可見，強大的對手並非無懈可擊，只要抓住他們相對薄弱的時機，就能掌握致勝的關鍵。

歷經千難萬險，美軍和阿富汗安全部隊終於抵達目標地區，然而反美武裝早已撤離，並帶走了重要資料。既然收穫甚少，美軍決定撤退，沒想到回程之路同樣困難重重，多次遭到襲擊，令美軍士氣大挫。

「**善戰者，致人而不致於人**」。從戰場表現來看，阿富汗反美武裝正是那種能調動敵人，而不被敵人牽制的優秀戰鬥者。他們讓裝備精良的美軍發揮不出武器優勢，使其身心疲憊、缺水斷糧，還要時刻應對伏擊與騷擾，這正是「**佚能勞之，飽能飢之，安能動之**」的真實寫照。

## 讓蘇聯解體，連川普都挫敗

〈虛實篇〉的主題非常明確，即深入探討戰場上「虛」與「實」之間的轉換規律，以及其表現形式與運用要領。其中最核心的，就是如何靈活運用虛實之道，將戰場變為己方的主場。難怪古人有「觀諸兵書，無出孫武；孫武十三篇，無出〈虛實〉」的評價。

以塔利班為首的反美武裝，就交出了一份高分考卷，這也是美軍最終敗走阿富汗的根本原因。

現在，讓我們簡單梳理阿富汗歷次戰爭的規律。第一次英阿戰爭始於一八三八年，英國以絕對優勢兵力入侵阿富汗。起先勢如破竹，迅速攻至喀布爾，隨後阿富汗人民發動游擊戰。一八四二年，英國被迫撤軍。

第二次英阿戰爭發生在一八七八年十一月，不甘失敗的英軍再次以強大兵力入侵阿富汗。與上次情形類似，英軍前期進展順利，後期卻潰不成軍。一八八一年，英軍再次全面撤出阿富汗。

第三次英阿戰爭爆發於一九一九年五月，阿富汗依舊士氣高昂，使英軍被迫停止進攻，還承認了阿富汗獨立。

十九世紀，阿富汗成為當時世界上強大帝國之一——英國的「墳場」。進入二十世紀，阿富汗首先挫敗的則是蘇聯。

一九七九年十二月，蘇聯入侵阿富汗。短短一週內，蘇軍便控制了主要城市與交通幹線。然而，當蘇軍進入「掃蕩階段」，卻遭遇重重阻力。阿富汗軍隊化整為零，採取游擊戰術，令蘇軍疲於應對。歷時十年，蘇聯動員百萬兵力，最終仍不得不黯然撤退。兩年後，一九九一年，蘇聯正式解體。

二十一世紀，阿富汗繼續書寫「帝國墳場」的傳奇。二〇〇一年十月，阿富汗戰爭爆發。美國的如意算盤是打著「反恐」大旗，透過控制阿富汗來影響中亞、中東地區，並在中俄之間打入楔子。起初，美軍在阿富汗的進展與當年英國、蘇聯如出一轍，塔利班政權在美軍的強大攻勢下迅速瓦解，美國很快扶植起親美政權。然而，當時春風得意的美國怎麼也不會想到，二十年後塔利班會捲土重來，再次掌握阿富汗政權，更沒料到美軍苦心經營多年的軍事基地與精良裝備，最終會落入塔利班之手。美國總統川普曾如此評價：「這些年來，我們的國家從未如此蒙羞。」

從十九世紀到二十一世紀，入侵阿富汗的國家皆是強權，然而開局與結局卻驚人地相似——最終都陷入阿富汗人民的持久鬥爭，無奈收場。

然而，反美武裝並不具備在戰略上主動出擊的能力。軍閥割據、民族與宗教矛盾不斷，大國勢力角逐，使得阿富汗始終如一盤散沙。這個國家只能依靠「游擊戰」與「持久戰」來消耗敵人，直到對手筋疲力竭，被迫撤退。沒錯，阿富汗的確靠消耗戰趕走了英國、蘇聯和美國，但長達近三個世紀的戰火也使國力日漸衰敗，幾乎耗盡所有資源。這一點，孫武在〈始計篇〉中早有論述——長期戰爭對國家與百姓而言，無異於一場浩劫。「**夫鈍兵挫銳，屈力殫貨，則諸侯乘其弊而起，雖有智者不能善其後矣**」，戰爭帶來的災難，會讓國力更加虛弱，引發更多衝突，最終即使再聰明的將領也無法挽回頹勢。

這正是阿富汗雖能靈活運用〈虛實篇〉中的「**出其所不趨，趨其所不意**」、「**致人而不致於人**」、「**我專而敵分**」等戰略之法，卻還飽受戰火摧殘的根本原因。一個內部矛盾重重、缺乏穩定體制的國家，沒有足夠的軍事實力，在這個弱肉強食的世界裡，又怎麼能真正贏得尊重呢？

因此，當我們翻開《孫子兵法》，應該站在更高的視角來理解它。〈兵勢篇〉更關注戰略層面的底層設計，設計得當，就如同地基穩固，能承受各種嚴峻考驗，使戰場上的勝算更高，戰後國力恢復更快。〈虛實篇〉則聚焦於戰術運用，探討「虛實」的方法論，如何尋找敵人弱點，如何在戰場上掌握主動等問題。

值得注意的是，〈虛實篇〉雖以戰術為主，但並不缺乏戰略思維，而是從另一個角度深化了「善攻者」與「善守者」的概念。「**善攻者，敵不知其所守；善守者，敵不知其所攻**」，高明的進攻不僅要「動於九天」，還要讓敵人無從防備；高明的防守不只是「藏於九地」，更要讓敵人無從下手。要達到這種境界，必須完美結合戰略設計和戰術執行。事實證明，唯有在戰略與戰術上同時掌握主動，才能真正把戰場變成己方的主場，這正是《孫子兵法》的高妙之處。

## 過時技術如何化為戰場優勢？

隨著航空技術不斷發展，空軍這種能夠結合戰略與戰術的軍種應運而生。戰略空軍不僅擁有獨立的戰略目標——即奪取制空權，還具備獨立的體系機制，能夠自主作戰，不依附於其他軍種。在資訊化戰爭中，空軍發揮著至關重要的作用。例如，隱形戰機能避開敵方雷達監測，在對方毫無防備時發射導彈，摧毀關鍵目標；預警機則作為「空中的指揮中心」，運籌帷幄整體戰局；無人機應用範圍更廣，涵蓋偵察預警、軍事打擊、電子戰、通訊中繼等，被視為能夠重塑作戰模式的關鍵裝備。

二〇二〇年，亞美尼亞和亞塞拜然在納卡納戈爾諾－卡拉巴赫（納卡）衝突中大量運用無人機，令國際社會刮目相看。而二〇二二年爆發的俄烏戰爭，更是讓軍事無人機成為戰場博弈的焦點，各國軍隊紛紛加速發展這項技術。

然而，戰場上的競爭不僅限於制空權，爭奪制天權的核心目的，是讓敵人「不知其所守」，亦「不知其所攻」。從空到天，制天權的出現進一步鞏固了戰場上的壓倒性優勢，傳說中的「高邊疆戰略」由此成形。掌握制天權，就能更輕易地奪取制空權、制海權與制陸權。毫不誇張地說，誰擁有更強大的空天力量，誰就能在未來的資訊化戰爭中掌握主動權。畢竟，現代戰爭比的就是資訊不對稱——當我知曉你的一切，而你卻無法發現我，就能在「無形」中取勝。

不過，凡事總有例外。

讓我們回到阿富汗戰場。美軍的空天力量如此強大，為何卻陷入「資訊盲區」，無法有效鎖定塔利班等反美武裝，反而頻頻遭到伏擊與襲擾？更何況，美國花了整整十年才找到賓拉登的藏身之處並擊殺他，這又是為什麼？

這就是「反向資訊不對稱」。當敵人不使用現代化的通訊設備，而是依賴最原始的聯絡方式，甚至藏匿於深山或地下工事等科技偵測難以觸及的區域時，再先進的偵察技術也無計可施。

資訊技術再先進，也存在「盲區」。以科索沃戰爭為例，當時全球最先進的隱形攻擊機F-117A竟然被擊落，原因出乎所有人意料。美軍聯軍仗恃自身在電磁領域的優勢，卻忽略了雷達技術的基礎原理——也就是第二次世界大戰時廣泛使用的長波雷達。隱形飛機的匿蹤效果主要針對米波與毫米波頻段，但長波雷達的波段在米波以上，正好能偵測到F-117A，結果這架先進戰機反而成為「反向資訊不對稱」下的犧牲品。

依靠地下工事，進可攻、退可守，不僅讓敵人無法偵察具體位置，只能用炮火「洗地」攻擊，即使派遣間諜滲透，也難以掌握具體動向；即使對手再高明，也難以找到有效的應對策略。這正是孫武所說的「**形兵之極，至於無形**」。七十多年後的今天，地下防禦工事的戰略價值依然不可忽視。在俄烏戰爭中，烏軍利用長達八年的地下工事抵抗俄軍進攻，僅在巴赫穆特一地就僵持了九個月，雙方都付出了慘痛的代價。

然而，烏軍可以依靠掩體躲避俄軍的偵察與攻擊，那麼大量西方援助的武器裝備又是如何避開俄軍的立體偵察呢？

答案是——偽裝。

就連普丁都指出，俄軍只消滅了「看得見的」西方援助武器。換句話說，還有不少武器裝備未被俄軍偵測到。那麼，為何俄軍強大的偵察體系無法掌握烏軍漫長的補給線呢？關鍵在於，西方國家不僅提供武器裝備，還輸出了成熟的偽裝技術。當俄羅斯衛星、偵察機、無人機等偵察體系試圖鎖定烏軍運輸車隊時，烏軍就會迅速變換路線、規避偵察。同時，烏軍廣泛使用可見光、紅外線和雷達偽裝網來干擾俄軍探測。不僅如此，烏軍還會製造大量假目標來吸引俄軍火力，實現「隱真示假」，達到瞞天過海的效果。偽裝與偵察，本質上是一場持續進化的對抗，彼此較量，不斷發展和進步。

在戰場上，「偽裝」還有一個密不可分的搭檔，就是「佯動」——即虛張聲勢，聲東擊西，以假亂真。目的就是掩蓋作戰目的，迷惑、欺騙敵方。

那麼，該如何在實戰中展現〈虛實篇〉的精髓？除了傳統的部隊與裝備調動，現代戰爭中，電子佯動已成為左右勝負的關鍵力量。例如，電子戰的其中一項重要戰術就是電子佯動。透過機載雷達干擾設備，它們能製造出數百架戰機、轟炸機來襲的假象，令敵軍防空雷達瞬間「崩潰」，導致指揮系統混亂，甚至徹底癱瘓。

「偽裝、佯動」也好，「虛實、無形」也罷，從戰場到職場，從戰火到煙火，變化無處不在。「**兵無常勢，水無常形**」，這是〈虛實篇〉中最著名的名句，提醒我們在任何情況下，都要根據對手的變化而做出相應調整，並從中尋找獲勝的方式。若不能「因敵變化」，再充分的籌備，再強大的力量，再有效的體制，都無法穩操勝券。

以美國為首的西方強國，常常抱有這樣的思想——依賴高科技力量向對手實施「碾壓式打擊」，就像一隻長著巨型犄角的公牛，對著無防備的孩童瘋狂進攻。但他們忽略了十分重要的事實：戰爭的本質是意志與意志的對決，核心始終在於人。

當然，西方列強靠著絕對優勢贏得了很多戰爭，攫取了很多利益，但總有些困難的敵人是無法輕易擊敗的。過去的勝利越是輝煌，失敗的教訓就越加深刻。單純依賴科技優勢來碾壓敵人，無論軍隊多麼強大，也難免會跌倒，然後陷入無法自拔的痛苦戰爭泥淖。

為什麼會失敗？正因為他們沒有做到「因敵變化而取勝」。孫武想透過〈虛實篇〉告訴我們：「**能因敵變化而取勝者，謂之神。**」

商場如戰場

# 賈伯斯的「藍海戰略」

作為〈兵勢篇〉的延續，孫武在〈虛實篇〉將敘述重心從戰略層面轉移向戰術層面，也就是從戰略上的奇正轉變到戰術上的虛實。〈虛實篇〉的核心在於避實擊虛，這是面對敵人時的策略，而對自己則需做出取捨，因為「**備前則後寡，備後則前寡，備左則右寡，備右則左寡，無所不備，則無所不寡**」。

**「作戰」首先不是選擇我要做什麼，而是選擇我要放棄什麼；不是選擇去服務哪些客戶，而是選擇要放棄哪些客戶。**避實擊虛，也可以說是一種「放棄的智慧」。

著名的《藍海策略》（繁體中文版由天下文化出版）作者認為，傳統市場往往像「紅海」一樣充斥著激烈的競爭，各企業為爭奪有限的市場份額而激烈競爭，導致價格競爭和利潤下降。相對地，創新市場開創了新的市場空間，就像「藍海」，這些市場未被開發或尚未充分開發，企業可以透過創新性的理念和戰略，在這片藍海中尋求增長和利潤。其中，價值創新是指創造產品或服務的新特點、新功能，滿足客戶不同需求；成本創新則是保持競爭力，幫助企業以更低的成本提供高品質的產品或服務。

《藍海策略》提出了四個原則，指導企業實施創新戰略，包括：

一、放棄：捨棄或減少不必要或不重要的因素，降低成本。

二、削減：減少與產品或服務相關的特徵或功能，以保持市場競爭力。

三、提升：增強產品或服務的特徵或功能，以提供更高的價值。

四、創造：創新性地引入新特徵或功能，提供未曾存在的價值。

當年，賈伯斯重返蘋果時，這家公司正面臨著前所未有的挑戰。蘋果當時市值低迷，產品線龐雜，市場份額不斷萎縮。賈伯斯意識到，蘋果需要一場徹底的變革。

他簡化了蘋果龐雜的產品線，將資源集中在幾款核心產品上。其中最為突出的就是iPod。賈伯斯看到數位音樂未來的巨大潛力，決定將重心轉向這個領域。他洞察到人們對可攜式數位音樂播放機的需求，以及對美觀、簡潔設計的渴望。於是，iPod推陳出新，成為一款革命性的產品，一時間風靡全球。賈伯斯善於整合，他將iTunes與iPod相結合，為使用者提供了完整的音樂解決方案，不僅創新了硬體，還創新了數位音樂的發行方式。

隨著iPod的成功，蘋果逐步回到了正軌。賈伯斯並沒有止步於此，他以同樣的策略推出了iPhone和iPad。他將公司的核心力量聚焦在極少數產品上，卻取得了極大的成功。這種簡潔而強大的產品線戰略，被視為賈伯斯回歸蘋果的最重要的貢獻之一。

## 太陽馬戲團：以低成本撬動高品質娛樂

太陽馬戲團也是《藍海策略》中的經典案例，展示了藍海策略的成功應用。

太陽馬戲團創立於一九八四年，當時傳統馬戲表演市場已經相對飽和，競爭激烈，市場需求和偏好也發生了變化。然而，太陽馬戲團通過藍海戰略，成功開創了一個新市場。

首先，太陽馬戲團顛覆了傳統觀念。傳統的馬戲團表演主要依賴於動物和雜技，而太陽馬戲團則將音樂、舞蹈、戲劇和舞臺美術等元素融合在一起，創造出全新的表演形式，提升了表演的藝術性和娛樂性。

其次，太陽馬戲團的目標客戶從傳統的家庭觀眾，擴展到更廣泛的觀眾群體，尤其是年輕人和尋求新奇體驗的客群。透過改變目標客戶，太陽馬戲團創造了一個新的、未被開發的市場空間。

同時，太陽馬戲團並不追求奢華和高成本的舞臺效果，而是用創意和創新提升表演品質，降低了製作成本，保持高品質的同時也能以較低的價格吸引觀眾。

第七章

# 軍爭篇

## 科索沃危機：如何用兩百人，戰勝七千人大軍？

「爭」的意思為「爭奪先機」，孫子強調透過「優勢」與「劣勢」之間的轉換來扭轉兵力懸殊的局面、打贏勝仗。具體又該如何做呢？孫子提出了一套「以迂為直」的策略。

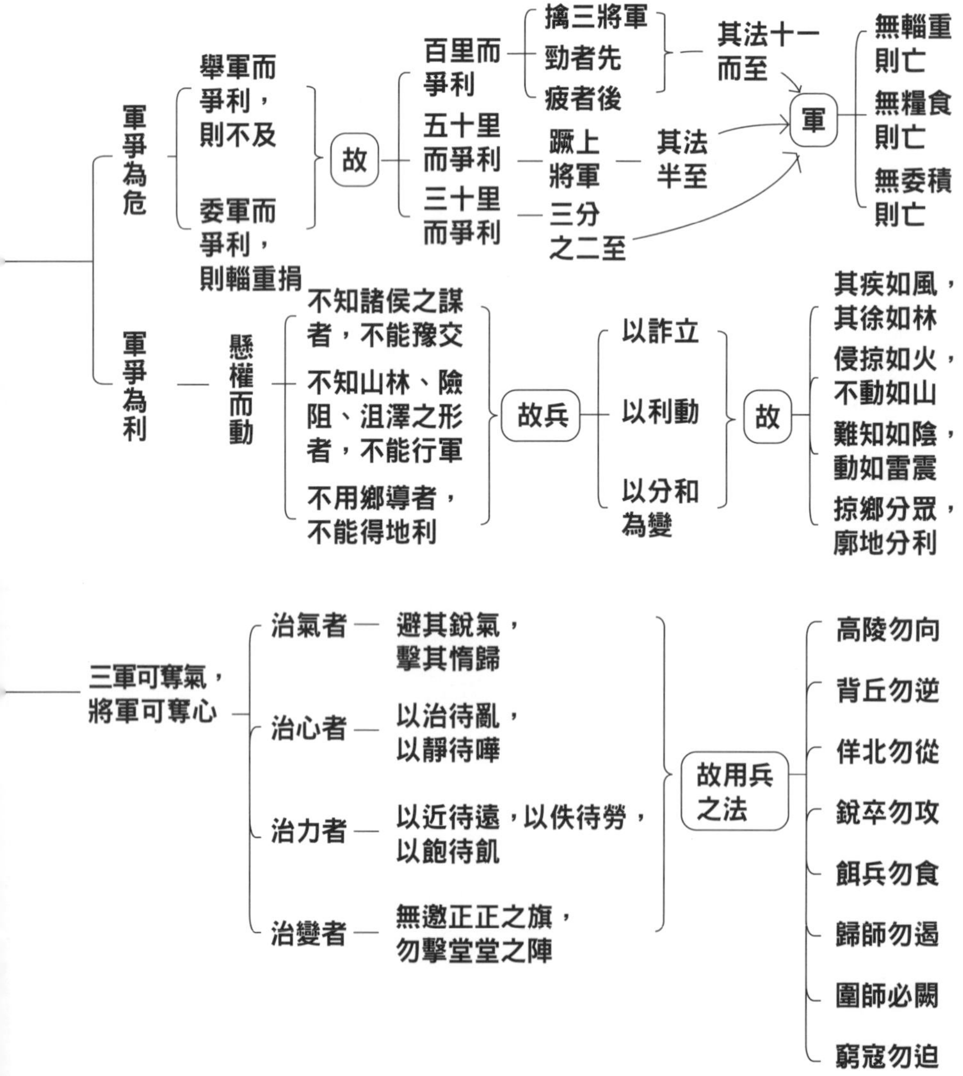
軍爭為危
舉軍而爭利，則不及
委軍而爭利，則輜重捐
故
百里而爭利
擒三將軍
勁者先
疲者後
其法十一而至
五十里而爭利
蹶上將軍
其法半至
三十里而爭利
三分之二至
軍
無輜重則亡
無糧食則亡
無委積則亡
軍爭為利
懸權而動
不知諸侯之謀者，不能豫交
不知山林、險阻、沮澤之形者，不能行軍
不用鄉導者，不能得地利
故兵
以詐立
以利動
以分和為變
故
其疾如風，其徐如林
侵掠如火，不動如山
難知如陰，動如雷震
掠鄉分眾，廓地分利
三軍可奪氣，將軍可奪心
治氣者
避其銳氣，擊其惰歸
治心者
以治待亂，以靜待嘩
治力者
以近待遠，以佚待勞，以飽待飢
治變者
無邀正正之旗，勿擊堂堂之陣
故用兵之法
高陵勿向
背丘勿逆
佯北勿從
銳卒勿攻
餌兵勿食
歸師勿遏
圍師必闕
窮寇勿迫

# 〈軍爭篇〉兵法心智圖

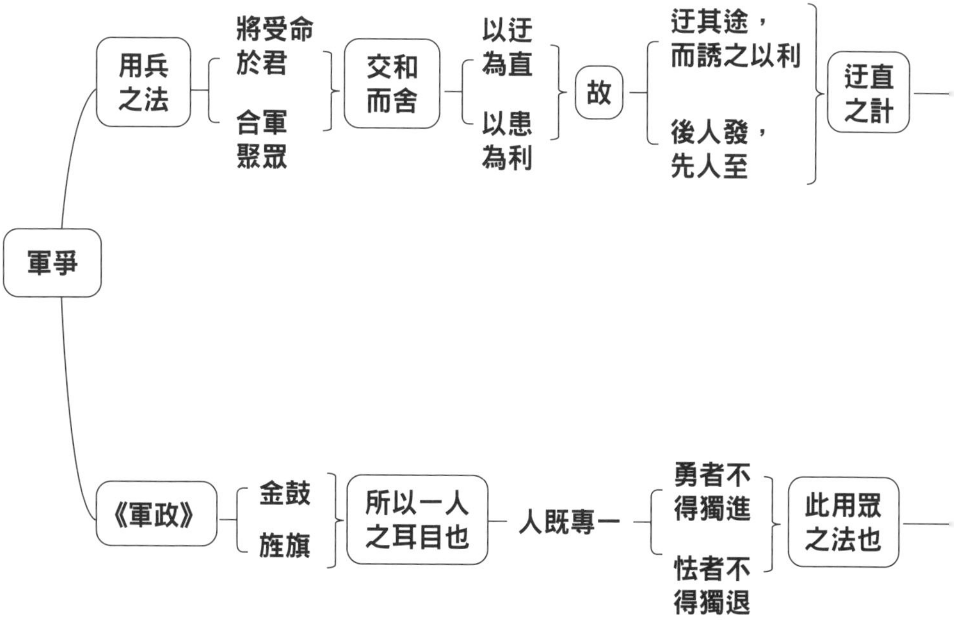

軍爭
用兵之法
將受命於君
合軍聚眾
交和而舍
以迂為直
以患為利
故
迂其途，而誘之以利
後人發，先人至
迂直之計
《軍政》
金鼓
旌旗
所以一人之耳目也
人既專一
勇者不得獨進
怯者不得獨退
此用眾之法也

## 〈軍爭篇〉原文

孫子曰：凡用兵之法，將受命於君，合軍聚眾，交和而舍①，莫難於軍爭。軍爭之難者，以迂為直，以患為利。故迂其途，而誘之以利，後人發，先人至，此知迂直之計者也。

故軍爭為利，軍爭為危。舉軍而爭利，則不及，委②軍而爭利，則輜重捐③。是故卷甲而趨，日夜不處，倍道兼行，百里而爭利，則擒三將軍④，勁者先，疲者後，其法十一而至；五十里而爭利，則蹶⑤上將軍，其法半至；三十里而爭利，則三分之二至。是故軍無輜重則亡，無糧食則亡，無委積則亡。

故不知諸侯之謀者，不能豫交⑥；不知山林、險阻、沮澤之形者，不能行軍；不用鄉導⑦者，不能得地利。

故兵以詐立，以利動，以分和為變者也。故其疾如風，其徐如林，侵掠如火，不動如山，難知如陰，動如雷震。掠鄉分眾，廓⑧地分利，懸權⑨而動。先知迂直之計者勝，此軍爭之法也。

《軍政》曰：「言不相聞，故為之金鼓；視不相見，故為之旌旗。」夫金鼓、旌旗者，所以一人之耳目也。人既專一，則勇者不得獨進，怯者不得獨退，此用眾之法也。故夜戰多火鼓，晝戰多旌旗，所以變⑩人之耳目也。

三軍可奪氣，將軍可奪心。是故朝氣銳，晝氣惰，暮氣歸。善用兵者，避其銳氣，擊其惰歸，此治氣者也。以治待亂，以靜待嘩，此治心者也。以近待遠，以佚待勞，以飽待飢，此治力者也。無邀正正之旗，勿擊堂堂之陣，此治變者也。

故用兵之法，高陵勿向，背丘勿逆，佯北勿從，銳卒勿攻，餌兵勿食，歸師勿遏，圍師必闕，窮寇勿迫，此用兵之法也。

## 注釋

①交和而舍：古代的軍門稱為「和門」。舍，駐紮。這裡有對峙的意思。
②委：拋棄。
③捐：損失。
④三將軍：指三軍將領。
⑤蹶：倒下，引申為挫折。
⑥豫交：「豫」通「與」，與之結交的意思。
⑦鄉導：嚮導。
⑧廓：同「擴」，指擴張。
⑨懸權：衡量、權衡利害輕重。
⑩變：這裡指適應。

## 譯文

孫武說，用兵的基本原則是：將帥接受國君的命令，動員民眾編組軍隊，在與敵人交戰的過程中，最困難的就是爭取先機。而爭取先機之所以最困難，是因為必須將迂回的路徑變成直路，將不利的條件變成有利。所以，必須迂迴繞道，並用小利引誘敵人，這樣才能後發先至，搶占有利位置，這便是「以迂為直」的策略。

爭取先機雖然有利，但同時也伴隨著風險。如果全軍帶著所有輜重裝備去爭取先機，就無法及時抵達；如果拋棄裝備和輜重去爭取先機，又會導致損失輜重裝備。如果輕裝疾行、日夜兼程、行程加倍、連續行軍上百里路去爭取先機，則三軍將領可能被俘，士兵中身體強壯的先到，體弱的會掉隊，最終能到達目的地的兵力僅剩十分之一。行軍五十里路去爭取先機，則可能折損先鋒部隊的將軍，結果只有一半兵力能到達目的地；走上三十里路去爭取先機，則有三分之二的兵力能到達目的地。軍隊沒有輜重就會失敗，沒有糧食就不能生存，沒有物資儲備就不能戰鬥。

不了解各諸侯國的戰略企圖，就無法建立同盟；不熟悉山林、險阻、沼澤等地形，就無法順利行軍作戰；沒有嚮導引路，就無法充分利用地形優勢。

行軍作戰，必須依靠靈活多變的戰術，才能取勝；要考量情勢是否有利，來決定自己如何行動；要善用分散和集中的戰略，靈活調配兵力。軍隊行動時，要迅捷如疾風；緩慢潛行時，要隱匿如密林；攻擊對方時，要如同烈火；占地駐守時，要穩固如同大山；潛伏時，要如同烏雲蔽日；衝鋒時，要如雷霆。派遣部隊去掠奪敵國鄉邑，同時扼守要害、擴張領土、分配掠奪來的利益；要衡量利害得失，審時度勢。能夠掌握「以迂為直」的策略，就能奪得勝利，這便是爭奪先機的關鍵原則。

《軍政》一書提到，口頭指揮難以傳達清楚，所以要設置軍鼓；手勢指揮難以看清，所以要設置旌旗。軍鼓和旌旗是部隊的耳朵和眼睛，當全軍的聽覺和視覺都統一時，勇者無法獨自冒進，懦者亦無法擅自撤退，這便是指揮大軍的要訣。因此，夜間作戰主要依靠火光與戰鼓，白天作戰則依賴旌旗，這樣才能根據士兵的視聽特性靈活調整戰術。

對於敵軍，可以打擊他們的士氣；對於敵將，可以動搖他的決心。清晨時敵軍士氣最旺，正午逐漸鬆懈，夜晚則最為疲憊。因此，善於用兵的人，會避免在敵人氣盛時交戰，在敵人懈怠時打擊敵人——這就是士氣的博弈。以己方的嚴整對付敵人的混亂，用自己的鎮靜應對敵人的狂躁，這就是軍心的博弈。以近戰場的優勢對抗遠道而來的敵軍，以安逸休整的狀態應對疲憊奔波的敵軍，以充足的糧餉對抗缺衣少食的敵軍，這便是軍隊戰力的較量。不要去迎擊旗幟整齊、部署周密的軍隊，不要去攻擊軍容整肅、實力雄厚的軍隊，這就是懂得戰場上的隨機應變。

用兵的原則是，不要仰攻占領了高地的敵人，不要正面進攻背靠高地的敵人，敵人假裝敗退時不要追擊，不可攻擊敵人的精銳部隊，不要理睬敵人的誘餌，敵人撤軍時不要攔阻，包圍敵人要留缺口，不要過分逼迫陷入絕境的敵人。

注：「軍爭」究竟爭奪的是什麼？這是個值得思考的問題。通常的解釋是「爭奪先機」，這一說法較為普遍，且符合本文的脈絡；另一種說法是「爭奪利益」，因為孫武一向強調擴大自身優勢；也有人認為「軍爭」即戰爭本身，意指具體的戰鬥，而非單純的爭奪某種優勢。本篇譯文採用了第一種解釋，即「軍爭」主要指爭奪先機。

現代戰爭應用

# 曼哈頓計畫：繞「彎路」，卻贏更快

如何以弱勝強？這個問題不只出現於戰場上，在職場與生活中同樣適用。那麼，答案在哪裡？翻遍各種專業書籍，找不到；哲學著作裡，沒有；就連西方著名的軍事理論書也未能解答。

但是，《孫子兵法》裡有答案。

〈軍爭篇〉的核心概念，並非字面意義上的「爭」，而是「利害」。如果說〈虛實篇〉注重的是虛與實之間的力量轉換，那麼〈軍爭篇〉則聚焦於利與害之間的轉換——將自己的劣勢變為優勢，並將敵人的優勢變為劣勢。這種以弱勝強的古老智慧，值得所有人借鑑。

缺乏戰術的戰略，無法贏得真正的勝利；缺乏戰略的戰術，只會通往失敗。孫武在〈軍爭篇〉中，從戰術的角度對利害關係轉換提出一項關鍵原則：「**以迂為直，以**

**患為利**」，即透過迂迴的行動達成直接目標，藉此獲取戰場上的主動權。靠著迂迴來更快抵達目標，並用小利引誘敵軍入局，這兩者雖然被孫武定義為「莫難之難」，卻是極為高效的用兵之道。

一九三八年，德國科學家首次發現核分裂現象。德國隨即意識到，若能人工誘導核分裂，或許能催生出史無前例的強大武器。懷抱著最早的原子彈構想，德國迅速啟動研發計畫，日本緊跟其後，英國也開始投入資源。然而，當時尚未參戰的美國對此並未感到迫切。直到一九四一年十二月七日，日本偷襲珍珠港，美國被迫參戰，才改變了對核武器的態度。

美國應該循規蹈矩，在正面戰場上集結力量與敵人硬碰硬，盡快擊敗對手？還是繞道而行，搶在德國、日本、英國之前，率先研製出原子彈，即使當時沒有人確切知道原子彈究竟是什麼？後者，就是「迂」的策略。

當時，大多數人都不相信原子彈能夠成功研發，甚至有人認為成功的機率僅十萬分之一。愛因斯坦在寫給時任美國總統羅斯福的信中，也表達過他的不確定：「還無法確定是否能製造出威力巨大的炸彈」，甚至擔憂「這種炸彈可能過於沉重，無法透過航空運輸」。儘管這條路充滿著未知和荊棘，但愛因斯坦還是認為應當「採取迅速行動」。

一九四二年六月，美國正式啟動研發原子彈的祕密計畫，代號「曼哈頓計畫」。

三年間，十萬多人參與，耗資二十億美金（相當於一九四一年美國軍費支出的三分之一），最終於一九四五年七月成功進行人類歷史上第一次核爆。爆炸前，沒有人知道將發生什麼；爆炸後，所有在場的人都明白，世界已經徹底改變。《紐約時報》科學記者威廉・勞倫斯（William L. Laurence）這樣描述爆炸當時的場景：「時間彷彿停止了，空間收縮成一個點，瞬間天崩地裂，人們似乎有幸親眼見證了地球的誕生。」

距離這次核爆不到一個月，美國就將兩顆威力巨大的原子彈投入實戰，相繼投在日本廣島、長崎，以雷霆之勢加速戰爭結束。

如果美國沒有全力推動「曼哈頓計畫」，歷史又會如何發展？可以確定的是，在德國已經投降的情況下，反法西斯戰爭最終仍會勝利，但不可能在一九四五年八月十五日就結束。此外，美軍勢必需要投入更多兵力進攻日本戰場。美軍上將威廉・萊西（William Daniel Leahy）認為，若參考琉球群島戰役的傷亡率，將有至少二十六萬名士兵死傷，若再加上進攻日本本州，整場戰役所需的兵力可能超過兩百萬。當時的美國總統杜魯門也持悲觀態度，他個人推測美軍的傷亡人數將不少於五十萬人。曾參與兩次原子彈投放任務的飛行員查理斯・斯威尼（Charles W. Sweeney）回憶：「法西斯總是打著最崇高的旗幟，掩飾最卑鄙的陰謀……我很慶幸戰爭能以這種方式結束。」

毫無疑問，美國正是憑藉「曼哈頓計畫」這條看似曲折的「彎路」，才能以相對較小的代價縮短戰爭進程，並藉助這條「彎路」，一躍成為世界超級大國，對全球局勢產生無法抹滅的重要影響。

透過「曼哈頓計畫」，我們見識到了「以迂為直」的力量。「**先知迂直之計者勝，此軍爭之法也。**」利用迂迴的戰術，給敵人致命一擊，掌握戰場主動權，正如美國率先打開「核時代」的大門，最終取得勝利一樣。然而，「以迂為直」並不意味著只走彎路、不走直路，而是兩者兼顧：美國一方面在正面戰場上削弱德、日的軍事力量，另一方面下定決心加快研發核武器，最終依靠原子彈以最快速度結束戰爭，將自身傷亡降到最低，並充分利用「曼哈頓計畫」帶來的影響力，一直延續至今。

## 科索沃機場突襲戰：俄軍如何以最小代價改變戰略格局？

與「以迂為直」密不可分的，還有「以患為利」——用小利引誘對手，化危機為轉機。一九八七年，由西方主導的國際條約《飛彈技術管制協議》（*Missile Technology Control Regime*），其核心邏輯就是「以患為利」。

冷戰結束後，埃及、巴西等發展中國家也開始研發導彈技術。對美國來說，這絕對不是個好消息——如果大家都掌握了導彈技術，那還得了！為了禁止更多國家擁有導彈，保持自身技術領先地位，美國聯合英、德、法、義、加拿大與日本，祕密磋商，催生出《飛彈技術管制協議》。加入協議的國家，可以共享導彈相關技術，甚至能根據實際情況進行交易；若不加入協議，出口導彈或無人機技術就會受到嚴格限制。

這一策略的核心目的再明顯不過——以「導彈技術共用」作為誘餌，讓國家上鉤後，再以「技術出口管控」為手段，最終達到「閹割」參與國導彈技術的目的，鞏固美國的全球霸權。即使美國對外宣稱該協議旨在「防止大規模殺傷性導彈與無人機技術在全球擴散」，也無法掩蓋一個事實——若不加入協議，就無法獲得關鍵技術，甚至還會受到導彈使用上的種種限制。《不擴散核武器條約》（*NPT*）也是美國等國家如法炮製的所謂「限制性國際法」。

隨著科技發展，戰爭技術在每個階段都有不同的特點，但戰爭的原則始終未變。從全球範圍的戰爭、局部衝突到國際關係的博弈，我們都能看到中國古老的兵書中所謂「以迂為直、以患為利」的影子。

然而，在爭取先機、轉換利害的過程中，往往伴隨著危險。孫武曾說：「**軍爭為利，軍爭為危**。」在冷兵器時代，這種危險主要表現在輜重裝備與行軍速度的矛盾——帶上所有補給會拖慢行軍，失去先機；而輕裝疾行則可能導致士兵疲憊、戰力損失。而在現代戰爭中，要想搶占先機，化劣勢為優勢，要承受的風險遠不只損失裝備和兵力那麼簡單。

一九九九年，以美國為首的北約介入科索沃危機，使當地民族矛盾迅速升級，演變成北約與「南斯拉夫聯邦共和國」之間的對抗。北約高舉「人權」大旗，向南斯拉夫聯邦共和國展開七十八天的狂轟濫炸。面對北約絕對的空中優勢，南斯拉夫聯邦共和國不得不妥協，並從科索沃撤軍，接受北約部隊駐兵的要求。就在北約志得意滿之時，在該地擁有重大戰略利益的俄羅斯，早已心懷不滿。

為了在接下來的聯合國安理會談判中爭取政治籌碼，打破北約壟斷科索沃的政治企圖，俄羅斯決定先發制人，爭奪戰略要地。於是，科索沃最大的機場——普里什蒂納（Pristina）機場，成為首選目標，一場震驚世界的「閃電戰」隨即展開。

趁著停戰協定尚未正式生效，兩百多名俄軍空降兵迅速向五百公里外的普里什蒂納機場急行軍。同時，英軍也從相反方向趕來，雙方展開了一場爭分奪秒的競速比拚。誰能先行一步，誰就在談判桌上掌握更多主動權，爭取更多利益。

最終，俄軍憑藉迅雷不及掩耳的行動，比英軍早一小時抵達並成功占領機場。英軍雖然擁有七千名士兵和絕對的裝備優勢，但面對已經據守要地的俄軍，卻不敢輕舉妄動，只能選擇與俄方談判。最終，俄羅斯成功達成戰略目標：獲准派遣三千六百多名官兵加入維和部隊，並繼續控制普里什蒂納機場，同時開放給各國維和部隊使用。

兩百名士兵，七個半小時，奔襲五百公里，對峙七千名英軍——俄羅斯「**後人發，先人至**」，不費一槍一彈就打亂了北約的戰略部署，這正是孫子軍爭之道的精髓。然而，搶占先機往往伴隨風險。如果俄軍沒能成功突襲，或是搶到了機場卻無法守住，結果將是北約徹底將俄羅斯的影響力逐出巴爾幹半島，這將是俄羅斯無法承受的巨大政治代價。

顯然，在戰爭中，戰術的成敗影響著戰局走勢，先機往往決定勝負，錯失良機則將陷入被動。綜觀《孫子兵法》，決定戰爭勝負的不僅是能否搶占先機、掌握主動權，或做好戰爭準備，還有許多其他關鍵因素。其中一項極為重要的因素，就是「金鼓、旌旗」——也就是指揮與通信的能力。

## 數據鏈獵殺：車臣領導人之死

「**夫金鼓、旌旗者，所以一人之耳目也。**」在久遠的冷兵器時代，戰場上的指揮通訊主要依靠視覺和聽覺：旗語、烽火依賴視覺，戰鼓、號角依賴聽覺。從周幽王為博褒姒一笑而「烽火戲諸侯」的故事便可看出，早在西周時期，指揮通訊系統已逐漸成形。關於烽火臺的最早記載，可追溯至兩千七百多年前的周幽王時期，當時每隔一定距離便築起一座烽火臺，當敵軍入侵時，烽火臺依次點燃，以迅速傳遞戰況資訊。

然而，單純依靠視覺與聽覺的指揮通信方式，所能傳遞的資訊極為有限。進入近代後，隨著有線與無線通訊技術相繼問世，指揮通訊迎來重大變革。一八五四年，有線電報首次被應用於戰場指揮；至第二次世界大戰期間，無線電技術迅速發展，野戰電話機、交換機與電臺等設備陸續投入使用；到了一九六〇年代後期，資料網路與電腦網絡開始逐步應用於軍事通訊。梳理這些技術發展的脈絡，不難發現，隨著科技進步，戰爭形態日益複雜，指揮通訊對戰爭走向的影響也愈發深遠。

一九八六年錫德拉灣海戰（Action in the Gulf of Sidra）中，美軍率先摧毀利比亞軍隊的指揮控制中心及通訊設施，使得利比亞只能任人宰割。俄軍在敘利亞展開軍事行動期間，也針對境內反政府武裝的通訊網路進行電子攻擊，運用伊爾－20（Il-20）電子偵察機、Borisoglebsk-2通訊干擾系統、Krasukha-4地面電子戰系統等裝備，透過電磁壓制、訊號遮罩等手段，癱瘓伊斯蘭國和反政府武裝的指揮通訊網路，為己方戰機空襲提供更安全的作戰環境。

血淋淋的事實擺在眼前——一旦指揮通訊陣地失守，無論是冷兵器時代還是資訊化戰爭時代，失敗幾乎已成定局。甚至可以說，誰能率先癱瘓對手的指揮通訊網路，誰就能掌握戰場上的主動權。畢竟，指揮通訊如同戰爭的神經系統，若無大腦決策，失去神經連結，既看不見、聽不著，也無法發出任何指令，又如何能調兵遣將、決勝沙場？

隨著戰爭步入資訊化時代，乃至智慧化時代，指揮通訊的整合程度越來越高。從決策高層到基層部隊，從前線戰場到後方支援，從人員到裝備，從太空、天空到地面，甚至延伸至深海，一切都透過數據鏈（data link）緊密相連。那麼，在戰術層面上，數據鏈究竟如何將戰場各要素串聯起來，以達成作戰目標呢？讓我們從第一次車臣戰爭中，俄軍斬首車臣領導人杜達耶夫（Dzhokhar Dudayev）的案例中窺探一二。

一九九六年四月二十二日，俄軍的A－50預警機在空中執行監測任務時，捕捉到了杜達耶夫的手機訊號。鎖定其精確位置後，俄軍將情報透過數據鏈傳輸至空軍蘇－25攻擊機。幾分鐘後，蘇－25在距離目標四十公里的地方發射了兩枚反輻射導彈，導彈順著手機訊號追蹤而至，當場擊斃杜達耶夫及其四名保鏢。

即使孫武對戰爭的理解深遠，他恐怕也無法想像，在兩千多年後的戰場上，數據鏈竟會成為戰爭的核心支撐，更不可能預見戰機能夠在萬米高空，僅憑手機訊號鎖定並殲滅敵軍領袖。然而，這並不影響他對指揮通訊本質的洞察——「**人既專一，則勇者不得獨進，怯者不得獨退**。」現代戰爭講求軍種協同、戰場互聯，透過數據鏈將各種作戰要素整合為「一張網」，確保精確、高效的指揮，使無論勇者還是怯者，都能各司其職、完成任務。這正是孫子所謂的「用眾之法」。

從古代戰場到未來戰場，指揮通訊的形式隨著技術發展而不斷變革，但其核心目標始終未曾改變——統一行動、統一意志，最大化戰鬥力，以贏得勝利。而在這一過程中，影響戰局的另一個關鍵因素便是「士氣」。孫子云：「**三軍可奪氣，將軍可奪**

心。」若能打擊敵軍士氣，動搖敵將決心，即便己方處於劣勢，也有可能憑藉高昂的士氣扭轉局勢，搶占戰場先機。

在俄烏戰爭期間，由於西方國家掌握了國際輿論主導權，戰場輿論幾乎一邊倒。假消息與謠言鋪天蓋地，目的正是為了動搖對手的軍心與民心，迫使其戰意消沉、最終屈服。因此，俄烏戰爭最大的戰場不僅在前線戰壕，更在資訊戰場的輿論攻防之中。如今，各國軍事強權紛紛研發並部署「心理戰」，目的就是透過資訊操控擾亂敵軍視聽，摧毀軍心與民心，使其士氣崩潰。

士氣如此關鍵，難怪〈軍爭篇〉會告誡：「**無邀正正之旗，勿擊堂堂之陣。**」遇到部署周密的對手不要迎擊，面對實力雄厚的敵人切莫攻擊，見好就收，懂得進退，才是戰場上真正善於應變的「治變者」。事實上，能夠做到「**正正之旗**」、「**堂堂之陣**」的軍隊，本身就是一種威懾。此外，若能分化對手內部，製造矛盾，使其士氣渙散、難以凝聚，也是當今世界最常用來削弱敵軍，壯大自身的戰略手段之一。

## 以迂為直：中東和解的背後力量

對許多中國人而言，提到「中東」，首先聯想到的往往是戰亂不斷的局勢。然而，深入探究中東長期動盪的根源，問題並不僅僅是宗教或民族矛盾，而是美國、英國等西方國家利用這些表面衝突煽動混亂，讓中東陷入分裂與衰敗，藉此攫取巨大利益。

二〇二三年四月十二日，伊朗代表團抵達沙烏地阿拉伯首都利雅德，準備重啟使領館。外媒對這次歷史性的和解如此評價：「隨著沙烏地阿拉伯與伊朗這對『昔日宿敵』在中國斡旋下恢復邦交，中東正掀起一股『和解潮』，推動地區團結。」只有團結，士氣才能凝聚，只有擁有共同目標、統一步調，國家才能在國際博弈中占得先機。

值得注意的是，中國積極促成中東國家的和解，本質上也是一種「以迂為直」的策略——在不直接介入衝突的前提下，巧妙地化解遜尼派與什葉派之間的矛盾，推動伊斯蘭世界走向團結。這一幕，恰恰是西方霸權最為忌憚的局勢發展。

〈軍爭篇〉開篇告訴我們，戰爭的智慧在於靈活應對，要「**以迂為直，以患為利**」；而篇末則提醒我們，哪些事情絕對不能做，即「**高陵勿向，背丘勿逆，佯北勿從，銳卒勿攻，餌兵勿食，歸師勿遏，圍師必闕，窮寇勿迫**」。在「可為」與「不可為」之間，蘊藏著權衡利害、以弱勝強的智慧。

戰爭從來不只是單純的殺戮，勝利也不僅僅是消滅敵人那麼簡單粗暴。在爭取先機、掌握主動權的過程中，哪些該做，哪些不該做，〈軍爭篇〉從戰術層面提供了深刻的思考，值得我們細細體會。

商場如戰場

# 阿里巴巴的獎勵魔法：股權激勵、創新創業雙引擎

〈軍爭篇〉緊接著〈虛實篇〉，將視角進一步聚焦於具體的戰鬥層面，內容更加細緻與實戰導向。如果說戰術層面仍然有充分的運籌空間，那麼在真正的戰鬥中，則更考驗臨場指揮的應變能力。在「軍爭」中，如何保持軍隊的高昂士氣至關重要，這將直接影響勝負。

孫武在〈軍爭篇〉中提到：「**掠鄉分眾，廓地分利，懸權而動。**」意思是戰爭獲得利益後，關鍵在於如何分配。軍隊如果沒有將獲利分配給官兵，就很難持續在戰場上獲勝。雖然商場不像戰場那樣殘酷，但利益分配與士氣激勵同樣是企業管理中不可忽視的課題。

《管理的常識》一書中提到，人們工作的五大動機：一是賺錢，這是工作的直接原因，也是大多數人工作的主要動力之一；二是消耗能量，滿足生理需求；三是社交，

滿足人際交往需求；四是成就感，透過達成目標、產出作品來實現個人價值；五是社會認可，即獲得個人社會地位。

這些因素與菲德烈・赫茲伯格（Frederick Herzberg）的「雙因子理論」相呼應，將影響員工工作的要素分為保健因素與激勵因素。

保健因素指的是維持基本需求的工作條件，例如薪資、福利、工作環境、職業安全等。這些因素滿足員工的生理、心理和社會需求，雖然不一定能直接激勵員工，但如果缺乏，將導致員工流失，甚至降低工作績效。

激勵因素則能真正提升員工的積極性、工作熱情與創造力，通常與工作性質、任務、成就感以及個人成長相關，例如晉升機會、獎勵制度、學習成長機會、挑戰性的任務等。這些因素能夠提高員工工作的動力和工作品質，激發員工交出更高水準的績效。

在實施激勵政策時，需要特別注意以下三點：

第一，激勵因素只能由少數人獲得。若所有人都能輕鬆達成，這些獎勵就會淪為保健因素，不再產生激勵作用。

第二，獎金必須跟隨績效波動，不能制度化。

第三，保持人員流動，不斷調整激勵因素，使其不會退化為保健因素。

《管理的常識》作者陳春花曾舉過一個經典案例，來自某家銀行，說明保健因素如何反向成為激勵因素。

這家銀行為員工提供了豐厚的福利，涵蓋牙科服務、健身補助、帶薪休假等，甚至還有一年帶薪進修的機會。然而，該銀行進一步將這些福利進行評分制度，並與績效掛鉤。例如，進修一年需累積一千分，看牙四百分，健身兩百分，父母健康管理兩百分。他們對福利進行評分的目的是什麼呢？員工年度績效評分後，累積分數越高，可選擇的福利範圍就越廣。這種設計讓福利不再只是單純的「基本條件」，而是轉變為「額外激勵」，促使員工更積極提升績效。

阿里巴巴作為中國最大的電子商務公司之一，也是全球最大的零售交易平臺之一，其成功有很大一部分要歸功於完善的獎勵制度與激勵機制。

首先，阿里巴巴注重股權獎勵機制。公司推行廣泛的員工持股計畫，讓員工透過購買公司股票或獲得股權獎勵，與公司共同成長。這使員工與企業利益緊密相連，提升工作積極性，進而推動公司發展。

其次，阿里巴巴鼓勵員工創新和創業，設立「創新獎」與「創業獎」，表彰員工在技術、業務與商業模式上的創新。此外，公司還支持員工創辦個人專案，提供資金、資源與指導，幫助員工實現創業夢想。這種激勵機制促使員工勇於嘗試與突破，推動公司不斷創新。

同時，阿里巴巴也注重員工的職業發展和培訓，提供廣泛的學習機會與升遷機制，鼓勵員工持續提升自身能力。員工可透過參與培訓課程、專案挑戰或跨部門合作，獲得晉升機會與更高職位。這種職業發展機制不僅吸引了大量人才加入，也讓阿里巴巴打造出一支高效、專業的團隊。

阿里巴巴的成功案例證明，良好的獎勵制度與激勵機制對商業競爭至關重要。透過股權激勵、創新獎勵與職業發展機制，企業能有效激發員工的積極性與創造力，從而實現業績的持續增長。這也啟示我們，在商業競爭中，完善的獎勵機制是激勵員工努力工作與創新的關鍵。

第八章

# 九變篇

## 用「變」的力量，奪取戰鬥主動權

〈九變篇〉的「九」並非字面上的九種，
而是指「多種」，象徵著「無窮無盡的變化」。
而「變」又涵蓋了兩個層面：
一是透過變化尋求勝利，二是透過不變應對變局。
那麼，哪些情況應該「變」呢？哪些情況又該「不變」呢？

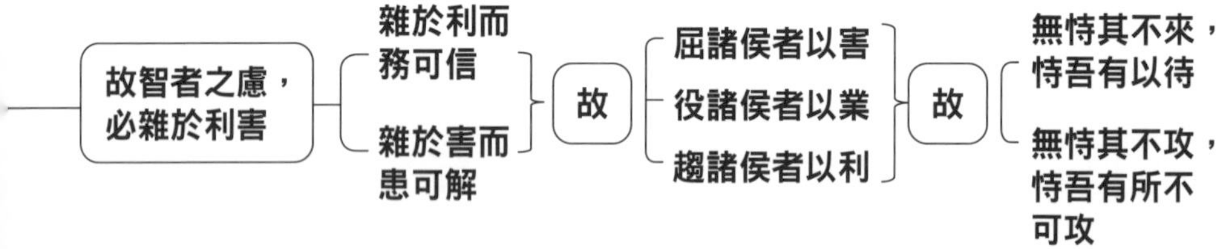
故智者之慮，必雜於利害
雜於利而務可信
雜於害而患可解
故
屈諸侯者以害
役諸侯者以業
趨諸侯者以利
故
無恃其不來，恃吾有以待
無恃其不攻，恃吾有所不可攻

# 〈九變篇〉兵法心智圖

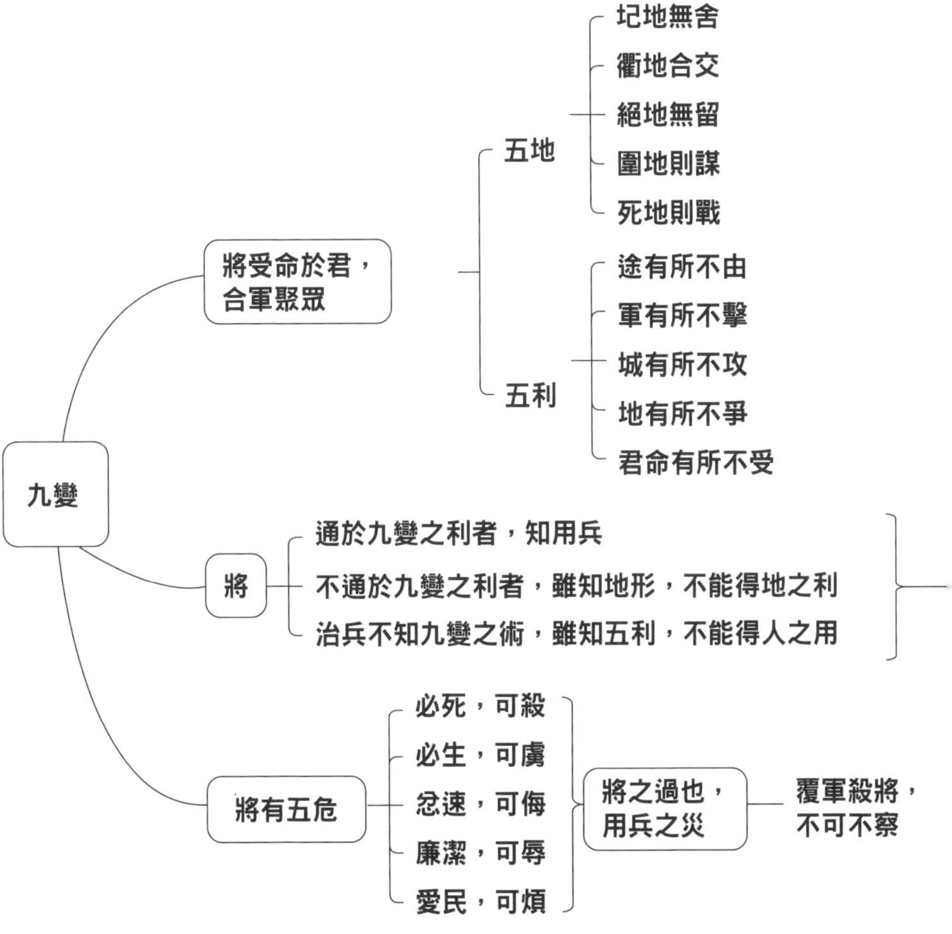
九變
將受命於君，合軍聚眾
五地
圮地無舍
衢地合交
絕地無留
圍地則謀
死地則戰
五利
途有所不由
軍有所不擊
城有所不攻
地有所不爭
君命有所不受
將
通於九變之利者，知用兵
不通於九變之利者，雖知地形，不能得地之利
治兵不知九變之術，雖知五利，不能得人之用
將有五危
必死，可殺
必生，可虜
忿速，可侮
廉潔，可辱
愛民，可煩
將之過也，用兵之災
覆軍殺將，不可不察

## 〈九變篇〉原文

孫子曰：凡用兵之法，將受命於君，合軍聚眾。圮地①無舍，衢地②合交，絕地無留，圍地則謀，死地則戰。途③有所不由，軍有所不擊，城有所不攻，地有所不爭，君命有所不受。故將通於九變之利者，知用兵矣；將不通於九變之利者，雖知地形，不能得地之利矣。治兵不知九變之術，雖知五利，不能得人之用矣。

是故智者之慮，必雜於利害。雜於利而務可信也，雜於害而患可解也。

是故屈諸侯者以害，役諸侯者以業④，趨諸侯者以利。

故用兵之法，無恃其不來，恃吾有以待也；無恃其不攻，恃吾有所不可攻也。

故將有五危：必死，可殺也；必生，可虜也；忿速⑤，可侮也；廉潔，可辱也；愛民，可煩也。凡此五者，將之過也，用兵之災也。覆軍殺將，必以五危，不可不察也。

## 注釋

① 圮地：水網、沼澤等難以通行的地區。
② 衢地：交通便利、四通八達的地方。
③ 途：指道路。
④ 業：事情。
⑤ 速：急躁之意。

## 譯文

孫武說，用兵的法則是，將帥從國君那裡接受命令，組織民眾集結成軍隊，在難於通行之地不可宿營，在四通八達的地方應該結交各諸侯國，在難於生存之地不能停留，在容易被包圍之地要巧出計謀，在走投無路之地要堅決奮戰。有些路不要走，有些軍隊不要打，有些城池不要攻，有些地盤不要搶，有些國君命令不要接受。將帥能夠通曉戰場上的各種變化，能夠趨利避害，就是懂得用兵；將帥不通曉戰場上的各種變化和利害，就算了解地形，也不能占得地利。指揮軍隊卻不知道各種變化及應變的方法，即使知道「五利」，也不能充分發揮軍隊的作用。

所以高明的將帥在考慮問題的時候，必須兼顧利與害兩個方面。在不利的情況下看到有利條件，可以樹立信心；在有利的情況下看到不利條件，才能排除禍患。

要使諸侯們的力量不能施展，就要用他們害怕的事情去傷害他們；要使諸侯們疲於應付，就要驅使他們不得不做各種事務；要使諸侯們被動地奔走，就要用小利去引誘他們。

所以用兵的法則是，不要指望敵人不來，而是要依靠自己做充足的準備；不要指望敵人不進攻，而是要依靠自己強大的力量使敵人不敢進攻。

將領有五種致命的弱點：只知道拚命，可能會被誘殺；貪生怕死，可能會被俘；

急躁易怒，可能禁不起侮辱；清廉正直，可能會陷入敵人故意陷害的圈套；愛護百姓，可能容易因敵人的暴行而煩擾。這五種弱點，是將領的過錯，也是用兵的災難。軍隊覆沒，將領身死，都是由於這五種弱點引起，不可不警惕。

注：在春秋戰國時代，承載文字的資訊主體是竹簡，而複製資訊的方式是手工抄錄，這樣的傳播方式很容易出差錯。《孫子兵法》在戰國時期廣為流傳，不少人為其作注，也出現了許多模仿者，《孫子兵法》一度從十三篇膨脹到了八十二篇，後來經過曹操的精簡回到了我們現在熟悉的樣子，但那些曾經存在過的奇奇怪怪的版本也很有可能混了進來，我們在前文的解讀中也分享過一些可能存在的文字謬誤。

這個一直潛藏的問題到〈九變篇〉時到達了巔峰，《孫子兵法》十三篇中，幾乎每篇都有一個明確的主題，而且行文邏輯很清晰，但唯獨〈九變篇〉看似在講隨機應變，但前後內容存在不小的割裂感。一些人懷疑這一篇經過了大規模的修訂，甚至原本就不存在，是由其他模仿者的內容拚湊而來的。在唐朝流傳的版本中，就有把〈九變篇〉和後面的〈九地篇〉抄在一起的，這也說得過去。究其原因，是因為《孫子兵法》的作者孫武是否真實存在一直有著不小的疑問，儘管孫武在《史記》中出現過，但春秋戰國的典籍裡鮮有他的身影。

儘管如此，〈九變篇〉的內容依然相當精彩。我說這些僅僅是為了告訴讀者朋友們，讀古文是為了學習古人的智慧，不必拘泥於文字，強行建立某些莫須有的邏輯，如果你在讀這篇內容時心存疑問，那並不一定是你錯了。

**現代戰爭應用**

## 解密全球兵役制度：「九變」的基礎在於用兵

「我們正處於一場名為和平的戰爭。」美國前總統尼克森曾在一九八〇年代提出上述觀點。

這句話出自美國的霸權視角，揭示了關於戰爭更深層的意涵——即使身處和平年代，戰爭依然以不同的形式圍繞著每個人。個人之間的利益爭奪、企業之間的競爭、國與國之間的角力，本質上都是一場場形態各異、規模不同、影響深遠的戰爭。而在這些無休無止的戰爭與博弈中，唯一不變的，就是「變」。

〈九變篇〉這一章的核心正是「變」。在中國文化中，數字「九」象徵著無窮無盡，「九變」則可以理解為無限的變化。既要防範突如其來的變局，也要懂得隨機應變。「**通於九變之利者，知用兵矣**」，能夠掌握變化、趨利避害，才是真正懂得用兵之人。

〈九變篇〉主要圍繞三個主題展開：五地（在〈九地篇〉中擴展為九地）、五利、五危。在論述這些主題之前，孫武首先闡明了戰場上「變」的物理基礎——軍隊。他指出：「**受命於君，合軍聚眾**」，其中關鍵在於「合軍聚眾」四個字。

如果沒有組織民眾的過程，就無法成軍，而「合軍聚眾」的過程，正是我們熟悉的兵役制度。兵役制度作為重要的軍事體系，不僅影響一國軍事力量的強弱，也反映了該國的軍事戰略方向。

目前，中國實行以志願兵役制為主、義務兵役制為輔的混合兵役制度。這一制度的優勢在於，一方面保留了志願兵役制的長處，例如志願服役者能在部隊服役較長時間，有助於熟練掌握複雜的軍事技術與裝備操作；另一方面，義務兵役制能保持兵員年輕力壯，並擴大服役人數，從而彌補志願兵役制在人力儲備上的不足，確保軍隊擁有足夠的整體戰鬥力。

放眼全球，各國的兵役制度大致可分為三類：義務兵役制（又稱徵兵制）、志願兵役制（又稱募兵制），以及兩者並行的混合兵役制。

俄羅斯目前採行義務兵役制與志願兵役制並行的混合兵役制度。在俄烏戰爭期間，俄軍主要依靠志願兵作戰，而不徵召預備役軍人或義務兵參戰，新兵也不會被派往任何「熱點地區」。普丁特別強調，特別行動的任務將完全由職業軍人執行。這些職業軍人，可以理解為「合約兵」，是透過志願兵役制招募的專業軍事人員。如今，俄軍正大幅擴軍，重點招募具有實戰經驗的志願人員，以提升戰鬥力。

烏克蘭的兵役制度則因戰爭推進而產生了重大變化，包括：一、大幅放寬徵兵年齡限制；二、限制適齡男性離境，以確保兵源基數；三、大量徵召訓練有素的雇傭兵以對抗俄軍。

美國作為俄烏戰爭的幕後推手，其兵役制度的變遷對美軍的軍隊建設與軍事戰略產生了深遠影響。自建國以來，美國先後實施過民兵制、募兵制、徵兵制、徵募混合制等兵役制度。自一九七三年開始，全面實施「全募兵制」，規定年滿十七至三十五歲的男女，智力、身體達標者均可加入美軍。

然而，「全募兵制」因缺乏強制性，使徵兵逐漸成為一大難題，呈現出經濟越繁榮，入伍人數越少，兵員素質亦隨之下降的趨勢。除了徵兵困難，軍事動員能力變弱，也是「全募兵制」帶來的另一個問題。在伊拉克戰爭最艱難的時期，美軍曾面臨兵力短缺的困境，迫使政府推出「止損」政策，要求服役期滿的士兵繼續留任，並提供特別補償金。所謂「重賞之下，必有勇夫」，這正是美軍應對兵源短缺的手段之一。

至於雇傭兵能否成為國家軍事力量的重要補充來源，至今仍存在爭議。一些國家的法律明確限制「私人擁兵」，因為雇傭兵與國家軍隊之間的隸屬關係備受質疑。此外，雇傭兵還存在國際法上的責任認定問題。這些問題都是雇傭兵制度進一步發展的主要瓶頸。

可見，兵役制度對一國軍事力量有著舉足輕重的影響，甚至在某些情況下具有決定性作用。從美國面臨的徵兵困難，可以看出兵役制度對軍隊建設的重要性；而從二戰後期德國的徵兵困境，更能體現兵役制度對軍事成敗的決定性影響。當時，德國兵源嚴重短缺，被迫依賴附庸國的軍隊來補充兵力，結局不言而喻，戰敗是必然的。

除了美國、俄羅斯、烏克蘭這些較為熟悉的國家，還有一些國家的兵役制度同樣值得關注，例如中國的近鄰——泰國。

泰國實行「義務兵役制」，憲法規定所有符合服役年齡的公民都必須登記入伍，包括變性人。然而，並非所有完成登記的人都必須服役，而是透過抽籤決定。若抽中，則當年必須服役。因此，泰國的兵役制度又被稱為「抽籤義務兵役制」，帶有幾分「隨緣」的色彩。每年四月，所有完成兵役登記的泰國男性須在規定時間內前往徵兵點抽籤。「紅籤」代表必須服役兩年，「黑籤」則意味著可以直接回家。

## 不同地形的開戰策略

有了「合軍聚眾」的基礎，才能談論接下來的「九變」。首先，我們來探討五種不同地形的應對策略。

**第一種「圮地無舍」**，字面意思是，在險峻難行的地形不可安營紮寨；更深層的含義則是，在地勢複雜的地區不宜戀戰。為何阿富汗被稱為「帝國墳場」？這當然與其重要的地理位置密不可分。作為亞洲的十字路口，阿富汗長期以來都是各大強權覬覦的對象。然而，真正使其成為「帝國墳場」的關鍵，則在於其極為複雜的地理環境。興都庫什山脈縱貫全境，國內五分之四的土地為山地與高原，正符合孫武所說的「圮地」。當外來「帝國軍隊」深入這片異國他鄉的險地時，便會發現這裡成為他們的夢魘——再先進的裝備也無用武之地，再精良的士兵也難以適應。進退維艱，補給脆弱，足見阿富汗「圮地」之險惡。

**第二種「衢地合交」**，孫武認為，身處四通八達之地，必須善於經營外交，這涉及到地緣政治的概念。一般而言，若一國位於交通要衝，其地緣政治環境往往極為複雜。而且，僅僅秉持與鄰國交好的態度，未必能真正實現「衢地合交」的戰略目標。民族與宗教的矛盾、國內政治的錯綜複雜，甚至被大國勢力操控的無奈，都使得身處「衢地」的國家往往戰亂頻仍，動盪不安。

中東地區是「衢地」的典型代表。與其說中東長期戰亂不斷，不如說中東的外交活動極度頻繁，各方勢力都試圖透過外交手段影響該地區。例如，美國在《伊朗核協議》上態度反覆，就是出於反對伊朗、打壓什葉派的戰略考量；美國透過外交手段拉攏遜尼派，以制衡什葉派，目的則是維持對中東的掌控。同時，中國在中東地區積極斡旋，協調遜尼派與什葉派的矛盾，促成和解，雖有助於中東的和平穩定，卻不符合美國及西方國家維持既有影響力的利益。

與中東形成鮮明對比的是美國。美國位於北美大陸中部，北鄰加拿大，南接墨西哥，外交環境單純，地緣政治擁有極高的天然優勢。此外，美國地勢平坦、緯度適中，擁有全球最大的可耕地面積，可謂「天選之地」。自一八八〇年代起，美國正式取代英國，躍升為世界工業強國，並延續至今。二戰後，美國藉由《馬歇爾計畫》主導西方陣營，後來又成功拖垮蘇聯，奠定了冷戰的勝利。美國之所以能夠建立世界霸權，其優越的地緣條件功不可沒——九百八十三萬平方公里的國土支撐起超級大國的骨架，豐富的自然資源奠定現代工業的基礎，廣袤肥沃的土地則提供了重要的戰略資源——人口，加上地理位置遠離歐亞大陸，周邊鄰國對其毫無威脅，使其得以專注於經濟與軍事發展。這一系列地緣優勢，共同造就了美國的霸權地位。

然而，我們也看到，享受地緣政治紅利百餘年的美國，如今不得不面對這些紅利背後的負面因素——從國家安全的角度來看，政府長期自信過度，產生僥倖心理，民眾對國家安全問題則普遍漠不關心。回顧「九一一」事件前的美國，政府對恐怖主義的威脅置若罔聞，對阿富汗與基地組織的問題處理態度也相對消極。直到被劫機的飛機接連撞上世界貿易中心與五角大廈，美國才驚覺，自己長期以來建立的安全幻象已經徹底破碎。

與美國同樣幅員遼闊的中國，地緣政治環境卻要複雜得多。中國的地理位置是非常典型的「衢地」，位處亞洲中心，陸上鄰國多達十四個，海上鄰國六個。在這二十個鄰國中，有些是中國的友邦，有些與中國存在領土爭端，還有一些在國際問題上與中國立場對立。儘管如此複雜，中國依然實現了「衢地合交」，維持了長期穩定的周邊環境，為國家的全面發展奠定了堅實基礎。

**第三種「絕地無留」，意指在「絕地」不可久留。**如果只把「絕地」單純理解為貧瘠之地，未免過於狹隘，因為「絕地」更可指任何可能使一個國家、組織或個人陷入絕境的地方，即便該地資源豐富、生機盎然。一九六二年爆發的古巴飛彈危機，正是「絕地」概念的典型案例。蘇聯當時聲稱要根據協議「援助」古巴，並計畫在當地繼續部署導彈，同時強調若美國試圖阻撓，蘇聯「將展開最激烈的回擊」。美國則對古巴海域實施封鎖，並命令全球核部隊與常規部隊進入「高度戒備狀態」，熱核戰爭一觸即發。此時，古巴對蘇聯而言便是「絕地」——若蘇聯執意不撤回導彈，恐將把世界拖入難以收拾的深淵。最終，蘇聯迫於壓力撤回部署於古巴的四十二枚導彈，持續了十三天的飛彈危機才得以化解。

**第四種「圍地則謀」，意指在易被包圍的地勢上，必須運用奇謀巧計。**奇謀與詭道，皆是孫武在戰術上所提倡的基本原則，核心在於「變」，以爭取戰場上的主動權。事實上，「圍地則謀」的智慧不僅適用於國際關係，在商場與職場中亦能發揮作用。例如，以色列孤懸於伊斯蘭世界之中，正是一處典型的「圍地」，因此必須依靠高超的戰略與外交手段才能生存。

在第一次中東戰爭初期，阿拉伯聯軍占據絕對優勢，以色列軍隊雖然殊死抵抗，仍節節敗退，幾近崩潰。然而，以色列迅速謀劃，向美國求援，在美國的斡旋下，交戰雙方同意停火四週。這場停火給了以色列寶貴的喘息機會，使其得以擴充兵力、大量採購武器、進行軍事改組。經過精心準備，以色列軍隊士氣高昂，在一九四八年七月九日發動反攻。而此時，阿拉伯聯軍因內部分歧，未能制定統一的軍事計畫，陷入被動，屢戰屢敗。在軍事接連失利的情況下，埃及率先與以色列簽訂停戰協定，隨後黎巴嫩、敘利亞等國亦相繼簽署協議，戰爭遂告結束。

**第五種「死地則戰」，即置之死地而後生的氣魄。**許多時候，人們正是憑藉不屈不撓的精神，殺出一條血路。自二十世紀中葉以來，為了遏制共產主義，美國對朝鮮施加各種制裁，韓國、日本及西歐國家亦紛紛跟進，企圖將朝鮮徹底孤立於國際社會。然而，面對層層封鎖，朝鮮不僅未曾垮臺，反而愈挫愈勇。為了不讓自己陷入「死地」，朝鮮大力發展核武器與導彈技術，將「最好的防禦就是進攻」的理念發揮得淋漓盡致。目前，朝鮮已研製多型導彈，技術日益成熟。例如，「火星－17型」洲際彈道飛彈可搭載二至三枚核彈頭，據韓媒報導，其最大射程超過一萬五千公里，足以覆蓋美國本土；「北極星－3型」潛射飛彈的射程則可達五千公里，性能接近美國「三叉戟－2型」潛射飛彈。由此可見，朝鮮透過最大化展示「國家核攻擊能力」，成功抵禦了西方陣營的圍堵與封鎖，充分體現「死地則戰」的智慧。

與朝鮮「同命相憐」的，還有伊朗。面對來自以色列、美國，甚至北約的威脅，伊朗選擇將飛彈作為國家戰略發展的重點，並與朝鮮密切交流飛彈技術。最終，伊朗成為中東的「第二個朝鮮」，建立了該地區規模最大、種類最為齊全的飛彈庫。二〇二〇年一月，伊朗對駐伊拉克美軍阿薩德空軍基地發射了包括「征服者－110型」彈道飛彈在內的二十多枚飛彈，震驚世界，甚至讓強大的美軍不敢貿然出手還擊，川普無奈接受現實，正是最有力的證明。

孫武表面上論述了應對五種地形變化的方法，實則是在告訴我們如何運用「變」的力量來奪取主動權。而「變」的力量涵蓋兩個層面，一是透過變化尋求勝利，二是透過不變應對變局。那麼，哪些情況下應該「不變」呢？

## 優點可能讓你喪命：卡斯楚與美國中情局的對決

「**途有所不由，軍有所不擊，城有所不攻，地有所不爭，君命有所不受**」。有的道路不能走，有的軍隊不能攻擊，有的城池不能強攻，有的土地不值得爭奪，有的命令不能盲目服從——這些，皆是在瞬息萬變的戰場上決策取捨的原則。凡是違反這些原則的人，最終的結局必然是失敗。

「**是故智者之慮，必雜於利害。**」因此，真正聰明的人在考慮問題時，必須同時權衡利與害。

在歷次中東戰爭中，有一個名字讓阿拉伯國家咬牙切齒，甚至在加薩地區，垃圾桶上都寫滿了這個名字——以色列「戰爭英雄」夏隆（Ariel Sharon），綽號「推土機」。

第四次中東戰爭，是歷次中東戰爭中最戲劇性的一場。沒有戰略縱深的以色列，一度面臨亡國危機，卻在最關鍵時刻扭轉戰局，而夏隆正是讓以色列逆風翻盤的關鍵人物。

一九七三年，為了收復第三次中東戰爭中被以色列奪取的土地，埃及與敘利亞聯手對以色列發動突襲，第四次中東戰爭正式打響。由於情報失誤，以色列措手不及，巴列夫防線（Bar Lev Line）僅二十分鐘便被突破。夏隆抵達前線後，發現埃及第二與第三軍團結合部是一處薄弱環節，隨即提出一項大膽計畫——橫渡蘇伊士運河，直擊埃及後方。他立即請求發動反擊，卻未獲批准。「君命有所不受」，夏隆不顧戰術上的分歧，毅然對埃及軍隊發起全面進攻，成功將其一分為二。

接下來，他又率領兩百名士兵，利用繳獲的蘇製坦克喬裝成埃軍，強渡蘇伊士運河，搭建浮橋、掩護大部隊過河，最終指揮部隊切斷埃軍與後方的聯繫，打開通往開羅的大門，一舉扭轉戰局。

在〈九變篇〉中，「變」是絕對的主角。唯有深諳「九變」與「五利」，才能稱得上真正精通用兵之道。然而，在孫武的眼中，還有「五危」不得不防——「**必死，可殺也；必生，可虜也；忿速，可侮也；廉潔，可辱也；愛民，可煩也**」。盲目拚死一戰，危險；貪生怕死，危險；急躁易怒，危險；清廉正直，竟然也是一種危險；甚至，愛護百姓，也可能成為危險。

為何孫武要告誡讀者，優點有時也是致命的弱點？讓我們從世界上「命最硬」的男人——古巴革命領袖卡斯楚（Fidel Castro）說起。

冷戰時期，古巴是蘇聯的政治盟友，這使得美國時刻都想推翻古巴政權，「古巴國父」卡斯楚也就成為美國中情局最想暗殺的男人。令人震驚的是，據統計，卡斯楚被中情局計畫暗殺的次數高達六百三十八次，平均每年有十幾起針對他的暗殺行動。當然，每一次暗殺都以失敗告終，最終帶走卡斯楚的，竟只是歲月的流逝。二〇一六年十一月二十六日，卡斯楚安然辭世，享年九十歲。

六百三十八次暗殺，每次手法都不一樣。

他們試圖利用卡斯楚愛抽雪茄的習慣，製造一種會爆炸的雪茄，結果卡斯楚戒菸了。

他們試圖利用卡斯楚熱愛潛水的興趣，製造一種靠近即會爆炸的貝殼炸彈，結果計畫失敗。

他們試圖在卡斯楚演講臺下安裝烈性炸藥，結果計畫再次落空。

他們試圖派遣美女接近卡斯楚，藉機暗殺，然而最終依舊失敗。

卡斯楚曾打趣道：「今天我還活著，完全是美國中情局的錯。」

雖然每次暗殺計畫都不同，但我們可以發現一個共同點：所有計畫都是根據卡斯楚的特點量身制定，無論計畫多麼怪誕。卡斯楚的優點和缺點，在敵人眼中都能轉化為致命弱點。因此，孫武指出「**廉潔，可辱也；愛民，可煩也**」，即使廉潔、愛民是值得讚揚的優點，敵人仍可能利用這些閃光點，將其變成擊潰你的突破點。

生活中，我們常說「樹大招風」，正是這個道理。把根扎得更深，遠比樹冠長得繁茂更重要。因此，適度隱藏自己的特點，巧妙掩飾利害關係，反而是一種高明的制勝之道。

商場如戰場

# 專注於「不變」，才能在變局中穩立

〈九變篇〉在《孫子兵法》中篇幅較少，其中的「九」並非字面上的九種，而是指「多種」的意思。這篇主要講述如何運用「變化」。但孫武認為，「途有所不由，軍有所不擊，城有所不攻，地有所不爭，君命有所不受」，也就是說，**在學會因應時勢、隨機應變的同時，也要學會選擇不做某些事。有所為，亦有所不為**。

要在戰場上獲得勝利，需要運籌帷幄，審時度勢。但世事難料，現實瞬息萬變，沒有人能保證自己每次都能在變化中占得先機。我們可以換個角度思考，在千變萬化中，總會有些不易改變的元素，能為我們提供確定性，成為可以把握的依據。在商場上，就是要我們始終抓住戰略重心，牢記並圍繞最終目標，不忘初心。

《競爭策略》（繁體中文版由天下文化出版）作者麥可・波特在一九八〇年代初提出了「核心競爭力理論」。他強調企業在所處產業中獲得領先優勢的重要性，這樣才能保持持久的競爭優勢。

核心競爭力是指企業相對於競爭對手所擁有的獨特優勢和能力。這些優勢可能來自多方面，如：獨特的產品或服務、成本優勢、專利技術、強大的品牌、高效的供應鏈管理等。

企業可以選擇專注戰略，以核心競爭力為基礎，集中精力於特定領域或細分的市場，滿足特定客戶群的需求。

當企業長期專注於一個領域，不僅能獲得專業性，還能得到行業與市場的高度認可。但這需要企業耐得住性子，抵得住誘惑，不能在其他領域分心。許多日本長壽企業便是這方面的典型代表。

日本因擁有眾多的長壽企業，形成商業特色，有些企業的歷史甚至超過千年，成為世界之最。其中「金剛組」是全球壽命最長的公司之一。金剛組成立於西元五百七十八年，至今已有超過一千四百年的歷史。創立初期，金剛組的主要業務集中於建築寺廟及相關產業，對日本寺廟的維護和保護有卓越貢獻，涵蓋了今天仍聞名世界的四天王寺、法隆寺等著名寺廟。隨著進入現代，日本許多企業都經歷了快速發展並面臨諸多危機，金剛組卻始終未受影響，這主要歸功於其堅守本業、不懈努力。

長壽企業的成功祕訣在於多方面因素的結合，如：堅守本業、良好的傳承、匠人精神、堅定的經營理念以及深厚的文化底蘊。其中最重要的因素之一，是它們始終不忘初衷，並在理想的道路上深耕。除了金剛組外，日本還有許多長壽企業，如西山溫泉慶雲館等。這些專注的「長壽企業」往往都是專注商業戰略的成功實踐者。

除了時間上的長壽，世界上還有許多「隱形冠軍」企業，它們不像可口可樂、麥當勞那樣家喻戶曉，但卻在某些不為大眾熟知的領域深耕細作，並獲得了成功。

這些「隱形冠軍」企業在各自領域表現突出。例如，中國食品添加物行業的龍頭金禾實業，以及專門生產螺絲配件、螺栓和連接工具的德國伍爾特（Würth）公司，和專門生產兒童肥皂泡用肥皂水的德國泡特飛（Pustefix）公司等，這些企業之所以成功，與其核心技術、市場定位和高品質產品密切相關。

企業的壽命一直是商業世界的難題。世界五百強企業的平均壽命僅四十到四十二年，前一千強企業的平均壽命僅三十年。二十多年來，五百強企業早已經歷了「大換血」，今日榜上的企業與二十年前的相比大相徑庭。這一方面顯示出市場競爭的殘酷，另一方面也說明了企業要持續成長、不忘初心的難度。

與日本和歐美國家相比，中國企業的平均壽命則要短得多。有抽樣調查顯示，中國民營企業的平均壽命僅為三．七年，而中小企業的平均壽命更只有二．五年。這一差距與企業所處的發展階段、經營理念、傳統文化、經濟環境等因素都有關。中國經濟自改革開放以來迅速發展，但仍需進一步沉澱，只有不忘初心，才能走得更遠更久。

綜上所述，企業能否長壽，與其核心競爭力、傳承理念、創新、文化傳統等因素密切相關。在全球市場中，企業需保持專注，提高產品品質，強化核心競爭力，才能實現長期穩定的發展。

時刻牢記自己的核心競爭力，有助於我們在瞬息萬變的市場中穩步前行。

# 第九章
# 行軍篇

## 珍珠港事變：《孫子兵法》預料到的偷襲事件？

孫武在本章中，提出了「相敵三十二法」，
從三大面向，破解敵人檯面下的真實意圖，
甚至連日軍偷襲珍珠港的行動，
都隱藏在孫武「辭卑而益備，進也」的深意之中。

故必勝之軍
- 好高而惡下
- 貴陽而賤陰
- 養生而處實

故
- 丘陵堤防，必處其陽，而右背之
- 上雨，水沫至，欲涉者，待其定也

此兵之利，地之助也

行軍之道

故
- 兵非益多也，惟無武進
- 足以並力、料敵、取人而已

夫惟無慮而易敵者，必擒於人

故令之以文，齊之以武
- 令素行以教其民，則民服 — 與眾相得也
- 令不素行以教其民，則民不服

# 〈行軍篇〉兵法心智圖

- 行軍
  - 處軍、相敵
    - 處山之軍
      - 絕山依谷
      - 視生處高
      - 戰隆無登
    - 處水上之軍
      - 絕水必遠水
      - 客絕水而來
        - 勿迎之於水內
        - 令半濟而擊之
    - 處斥澤之軍
      - 絕斥澤，惟亟去無留
      - 若交軍於斥澤之中
        - 依水草
        - 背眾樹
    - 處平陸之軍
      - 處易，而右背高
      - 前死後生
  - 地形
    - 絕澗
    - 天井
    - 天牢
    - 天羅
    - 天陷
    - 天隙
      - 必亟去之，勿近
        - 吾遠之，敵近之；吾迎之，敵背之
  - 軍形
    - 險阻
    - 潢井
    - 葭葦
    - 山林
    - 行軍
    - 翳薈
      - 伏奸之所處
        - 必謹覆索之
  - 動靜三十二相
    - 敵近而靜者，恃其險也 / 遠而挑戰者，欲人之進也
    - 其所居易者，利也
    - 眾樹動者，來也 / 眾草多障者，疑也
    - 鳥起者，伏也 / 獸駭者，覆也
    - 塵高而銳者，車來也 / 卑而廣者，徒來也
    - 散而條達者，樵采也 / 少而往來者，營軍也
    - 辭卑而益備者，進也 / 辭強而進驅者，退也
    - 輕車先出居其側者，陳也 / 無約而請和者，謀也
    - 奔走而陳兵車者，期也 / 半進半退者，誘也
    - 杖而立者，飢也 / 汲而先飲者，渴也
    - 見利而不進者，勞也
    - 鳥集者，虛也 / 夜呼者，恐也
    - 軍擾者，將不重也/旌旗動者，亂也/吏怒者，倦也
    - 粟馬肉食，軍無懸缻，不返其舍者，窮寇也
    - 諄諄翕翕，徐與人言者，失眾也
    - 數賞者，窘也 / 數罰者，困也
    - 先暴而後畏其眾者，不精之至也/來委謝者，欲休息也
    - 兵怒而相迎，久而不合，又不相去，必謹察之
  - 士族親附
    - 卒未親附而罰之 — 則不服，不服則難用
    - 卒已親附而罰不行 — 則不可用也

## 〈行軍篇〉原文

孫子曰：凡處軍、相敵，絕山依谷，視生處高，戰隆無登，此處山之軍也。絕水①必遠水；客絕水而來，勿迎之於水內，令半濟②而擊之，利；欲戰者，無附於水而迎客③；視生處高，無迎水流，此處水上之軍也。絕斥澤，惟亟去無留；若交軍於斥澤之中，必依水草而背眾樹，此處斥澤之軍也。平陸處易，而右背高，前死後生，此處平陸之軍也。凡此四軍之利，黃帝之所以勝四帝也。

凡軍好高而惡下，貴陽而賤陰，養生而處實，軍無百疾，是謂必勝。丘陵堤防，必處其陽，而右背之。此兵之利，地之助也。

上雨，水沫至，欲涉者，待其定也。

凡地有絕澗、天井、天牢、天羅、天陷、天隙，必亟④去之，勿近也。吾遠之，敵近之；吾迎之，敵背之。

軍行有險阻、潢井⑤、葭葦、山林、蘙薈者，必謹覆索之，此伏奸之所處也。

敵近而靜者，恃其險也；遠而挑戰者，欲人之進也；其所居易者，利也。

眾樹動者，來也；眾草多障者，疑也；鳥起者，伏也；獸駭者，覆也；塵高而銳者，車來也；卑而廣者，徒來也；散而條達⑥者，樵采也；少而往來者，營軍也。

辭卑而益備者，進也；辭強而進驅者，退也；輕車先出居其側者，陳也；無約而請和者，謀也；奔走而陳兵車者，期也；半進半退者，誘也。

杖⑦而立者，飢也；汲而先飲者，渴也；見利而不進者，勞也；鳥集者，虛也；夜呼者，恐也；軍擾者，將不重也；旌旗動者，亂也；吏怒者，倦也；粟馬肉食，軍無懸缻⑧，不返其舍者，窮寇也；諄諄翕翕⑨，徐與人言者，失眾也；數賞者，窘也；數罰者，困也；先暴而後畏其眾者，不精之至也；來委謝者，欲休息也。兵怒而相迎，久而不合，又不相去，必謹察之。

兵非益多也，惟無武進，足以並力、料敵、取人而已。夫惟無慮而易敵者，必擒於人。

卒未親附而罰之，則不服，不服則難用也。卒已親附而罰不行，則不可用也。故令之以文，齊之以武，是謂必取。令素行以教其民，則民服；令不素行以教其民，則民不服。令素行者，與眾相得⑩也。

## 注釋

①絕水：絕，渡過。渡過江河。

②濟：渡過。

③客：文中指敵軍。

④亟：迅速。

⑤潢井：沼澤低窪地帶。
⑥條達：四散飛揚的樣子。
⑦杖：兵器，此作動詞，倚著兵器。杖而立，倚著兵器站立。
⑧瓴：指炊具。
⑨諄諄翕翕：諄諄，很懇切的樣子。翕翕，嘴巴一張一合的動著，此處意為遲鈍拘謹。文中指長官低聲下氣對下屬說話。
⑩相得：相處融洽。

## 譯文

孫武說，在不同地形條件下行軍作戰與觀察戰場的方法如下：

在山地行軍時，應沿著山谷行進；駐紮時，應選擇向陽且較高的地勢。若敵軍已占領高地，切勿仰攻，這是山地作戰的基本原則。

在江河地帶行軍時，過河後應遠離河岸駐紮。若敵軍正在渡河，不要急於在水中迎擊，而應待其兵馬渡過一半後再攻擊，以取得優勢。若與敵人交戰，不可靠近河水應戰；駐紮時，應選擇向陽的高地，避免位於下游，這是在江河地帶行軍作戰的基本原則。

在鹽鹼沼澤地帶行軍時，應迅速通過，不宜久留。若與敵軍在此遭遇，應靠近水草、背靠樹林，這是在沼澤地帶作戰的基本原則。

在平原上行軍時，應占據開闊地形，最好依託高地，前方有天然屏障抵擋敵軍，後方則留有進退餘地，這是平原作戰的基本原則。當年黃帝能夠戰勝四帝，正是因為遵循了這四項原則。

凡是行軍作戰，都應選擇高地而避開低地，選擇向陽而不處於陰暗處。確保充足的資源供應，可讓軍隊免於患病，從而提升勝算。在丘陵、堤壩等地駐軍，應占據向陽的一側，並使主要側翼與後方依靠地勢，這樣才能充分利用地形之利。

上游若降雨，使得水流湍急，需徒步跋涉時，應待水勢平穩後再行動。

凡是遇到「絕澗」、「天井」、「天牢」、「天羅」、「天陷」、「天隙」等險惡地形，應迅速離開，避免靠近。我軍應遠離這些險地，引導敵軍接近；我軍應面對險地，而讓敵軍背對險地，以利作戰。

行軍途中若經過隘路、湖泊沼澤、水網、蘆葦叢、山林或草木茂密的區域，務必仔細偵查，因為這些地方最容易藏匿敵軍伏兵與奸細。

敵軍逼近卻異常安靜，可能是因為占據了有利地勢；敵軍距離尚遠卻頻頻挑釁，可能是為了誘使我軍前進；敵軍占據平坦地形，則有利於其與我軍交戰。

樹林中若見樹木晃動，表示敵軍正隱蔽行軍；草叢中若見雜亂障礙，可能是敵軍設下的陷阱；鳥雀驚飛，顯示敵軍設有埋伏；野獸驚慌奔逃，可能是敵軍大部隊行動的徵兆。

揚起的塵土高而尖，表示敵軍戰車正在前進；塵土低而範圍廣，表示敵軍步兵正在行軍；塵土四散飛揚，可能是敵軍在伐木生火；塵土稀疏且方向不一，可能是敵軍正在安營紮寨。

敵軍使者若言辭謙卑，卻加緊備戰，則可能準備發動進攻；若言辭強硬，卻佯裝前進，可能是在準備撤退。敵軍輕裝騎兵率先行動，並部署於兩翼，可能是布陣之舉；敵軍無事先約定便提議和談，可能別有陰謀。敵軍若迅速調動，擺出戰陣，則是準備決戰的徵兆；若行軍猶豫不決，進退不定，是企圖引誘我軍。

敵軍士兵倚著兵器站立，是飢餓缺糧的表現；負責供水的士兵自己先喝水，則表示軍隊缺水；敵軍看見利益卻不行動，是軍隊已疲憊不堪。敵軍營帳上若聚集鳥雀，是空營之計；夜間若傳來嘈雜喊聲，則顯示敵軍內部恐慌；敵軍內部若混亂不堪，則是將領威嚴不足；若旌旗排列雜亂，則顯示敵軍隊伍失去紀律。

敵軍將領容易憤怒，可能是厭戰疲倦的表現；若敵軍開始屠宰牲畜、收拾炊具，卻不回營，則可能是陷入絕境。敵軍將領若神色拘謹，低聲對部下說話，則顯示已經失去人心；若不斷賞賜士兵，說明其已無計可施；若不斷嚴懲部下，則說明處境艱難。敵軍將領先怒後懼，顯示缺乏謀略；若派使者來委婉談判，表明敵人想休戰；若敵軍憤怒出擊，卻遲遲不交鋒也不撤退，則須仔細觀察其企圖。

兵力並非越多越好，重點在於不輕敵冒進，集中兵力，判明敵情，並善用人才，才能取勝。那些缺乏深謀遠慮、驕傲輕敵的人，必被敵人俘虜。

對士兵而言，未建立親近關係便嚴厲懲罰，他們會不服從，難以指揮；但若士兵親近你，卻不遵守軍紀，則這樣的士兵同樣不可用。必須以道理、道義來教育軍隊，並用軍紀、軍法約束士兵行動，這樣才能打造必勝的軍隊。若平時嚴格要求士兵，他們便會始終服從命令；反之，若不加管束，士兵便會養成違抗命令的習慣。士兵能夠服從命令，說明將領與部隊關係融洽。

現代戰爭應用

# 地形的博弈：越戰叢林迷宮、阿富汗高原陷阱

「**紅軍不怕遠征難，萬水千山只等閒。五嶺逶迤騰細浪，烏蒙磅礡走泥丸。金沙水拍雲崖暖，大渡橋橫鐵索寒。更喜岷山千里雪，三軍過後盡開顏。**」這首〈七律·長征〉出自毛澤東，概括了二十世紀初期中國紅軍長征路上的艱難困苦。從五嶺、烏蒙，到金沙江、大渡橋，紅軍在長征中突破了無數如臘子口這樣的天險，翻越了不少如夾金山這般「鳥兒都難以飛越」的雪山，渡過了眾多像湘江、岷江等水流湍急的大江大河。一路行軍作戰，經歷了各種複雜的地形地貌——山地丘陵、草地沼澤，甚至是高原凍土，都留下了紅軍奮戰的足跡。

〈行軍篇〉開篇即重點論述了山地、江河、平原、沼澤四種地形的軍隊部署、探查敵情之道。從〈七律·長征〉中也可看出，紅軍在戰略轉移的過程中所面對的地形險惡、敵情複雜，遠遠超過了〈行軍篇〉中描述的情境。

我們應該認知到，戰爭並非神祕莫測的存在，而是一種在任何時期都不可避免的運動。「絕山依谷」、「絕水必遠水」、「依水草而背眾樹」、「平陸處易」等不同地形條件下的行軍作戰與戰場觀察方法，至今仍極具價值。孫武所要傳授的不僅是戰術上的原則，更重要的是如何善用地形、揚長避短，從而真正掌握「四軍之利」，正如當年黃帝戰勝四帝一般。

如果無法掌握「四軍之利」，在實戰中又未能充分利用地形優勢，結果會如何？分析美軍歷次戰爭的得失，答案便不言自明。

一九六〇至七〇年代，美國對越南發動戰爭，以失敗告終，其中一大原因便是美軍受制於越南的地形與自然環境。越南與北韓地形相似，國土四分之三皆為山地高原，但不同的是，越南常年高溫多雨，森林茂密、沼澤遍布。這種地形條件與熱帶氣候的結合，使美軍在越戰中面臨更為嚴峻的挑戰。

蚊蟲肆虐、疾病流行、猶如迷宮的雨林、難以通行的道路——在這樣的客觀條件下，美軍在叢林作戰時無法有效運用大口徑火炮與坦克，甚至連空襲的效果也極為有限，且需時刻防備敵軍的突襲。這一切讓美軍再次品嘗到失敗的滋味。實際作戰的情況，就像好萊塢電影中常見的畫面——美軍士兵在越南密林中寸步難行，而越南北方人民軍則穿梭自如，充分利用地形與氣候展開游擊戰，使美軍節節敗退。時任美國國防部長羅伯特・麥納瑪拉（Robert Strange McNamara），將失敗歸因於美軍對叢林作戰一無所知：「我們嘗到了雨林作戰特有的艱辛——水蛭、蚊子、永遠潮溼難耐，濃密樹林更構成了一個幽閉的世界。」

對於叢林作戰束手無策的美軍，在十年間向越南叢林噴灑了超過八千萬公升的橙劑（一種落葉劑），試圖透過枯死植被來剝奪對手的天然隱蔽屏障。然而，儘管大量森林遭到破壞，即便美軍動用了核武器以外的一切先進裝備，美國最終仍無法承受消耗戰，在越南戰爭中宣告失敗，被迫撤軍。時至今日，提起越南戰爭，美國人還心有餘悸。

在二〇〇一年爆發的阿富汗戰爭中，美國再度陷入戰爭泥淖。當初打著「反恐」的旗號強行介入，二十年後卻不堪重負「不辭而別」。究其原因，仍與當地的地形地貌密不可分。相比朝鮮半島與越南有四分之三的國土都是山地高原，阿富汗的山地高原比率更高達百分之八十，僅南部有少量平原。如此廣袤的山地雖然限制經濟發展，卻極利於防禦，使入侵者難以控制全境。一旦深入山地，便難逃陷入「帝國墳場」的宿命——英國如此，蘇聯如此，美國亦未能例外。

為何高原與山地成為美軍難以跨越的天塹？這不僅是因為美軍長期依賴裝備優勢，還有一個關鍵因素：這類地形地貌會迫使戰爭回歸傳統模式。惡劣的天候與複雜的地勢，使得許多現代高科技裝備難以發揮作用，甚至削弱了制空權、制海權、制資訊權、制天權的戰略優勢。戰場上的較量回歸至純粹的人與人、戰術與戰術、意志與意志的對抗。在這樣的條件下，習慣憑藉科技優勢橫行世界的美軍，無法有效發揮「兵之利，地之助」，勝算自然微乎其微，戰敗幾乎成為必然的結果。

事實上，〈行軍篇〉早在兩千多年前便已提醒世人：「**軍行有險阻、潢井、葭葦、山林、蘙薈者，必謹覆索之，此伏奸之所處也。**」隘路、湖泊沼澤、水網、蘆葦叢、山林或草木茂盛之地，皆是有利於敵軍埋伏的理想地點，務必謹慎搜索。若有軍隊違背行軍原則，「明知山有虎，偏向虎山行」，執意與危險正面碰撞，便是自取滅亡，即便戰神降臨，也難以挽回敗局。

## 美軍閃電戰公式：科技武器搭配平原、盆地

嚐過失敗的苦果後，我們再來探究勝利的機制。波斯灣戰爭可謂一場震驚世界的「實力輾壓戰」，美軍動用了F－117隱形戰鬥機、B－52戰略轟炸機、E－3空中預警機等大量高科技武器，並派出三個航母戰鬥群巡弋於地中海、紅海與阿拉伯海，憑藉壓倒性的制空、制海、制電磁優勢，使伊拉克軍隊毫無還手之力，戰局自始至終毫無懸念。

波斯灣戰爭掀起全球對新型戰爭的研究熱潮，美軍的勝利可謂酣暢淋漓。然而，

這種勝利背後有一個關鍵前提——「平陸處易」。伊拉克除了東北部的庫爾德山地外，大部分國土屬於美索不達米亞平原，多數地區海拔不足百米，地形開闊，非常有利於大規模裝備部隊的部署與機動，為美軍的閃電戰提供了最佳條件。回顧美軍過去的戰爭勝利，如入侵格瑞那達、科索沃戰爭、空襲敘利亞等，無一例外地具備相似特點——戰場主要由平原、盆地等適合人員與裝備機動的地形構成，或以空戰、海戰為主。這正是美軍獲勝的「密碼」。

有趣的是，美國媒體對美軍依賴高科技武器裝備來贏得戰爭的現狀提出了不少批評。美國《國家利益》（*The National Interest*）雜誌網站曾刊登一篇名為〈美國不應依賴花哨裝備〉的文章，指出美國軍方採購部門和軍工企業都喜歡炫耀高端的武器和平臺，如航母、隱形戰機等，認為這會導致美軍戰鬥力下降。值得注意的是，我們不該僅因為美國出現依賴高科技武器裝備的傾向，就認定美軍的戰鬥力低落。無論國際秩序或國際力量發生如何深刻的變化，科技依然是掌控戰略博弈主動權的重要手段。

在現代乃至未來的戰爭中，科技是主觀因素，地形則是客觀因素。兩者都深刻影響著戰局，甚至決定著國家命運的走向。在中東，有一塊土地深刻影響著該地區的戰爭與和平，並對周邊國家的發展、甚至國際關係產生了深遠影響，那就是戈蘭高地。

如果只看地圖，戈蘭高地的面積並不顯眼，南北長七十一公里，東西最寬處為四十三公里，總面積只有一千八百平方公里，與中國廣東省的中山市面積相當。但是戈蘭高地戰略價值極高，可以說，誰能控制戈蘭高地，誰就能居高臨下攻擊對手，占據中東戰場的主動權。站在戈蘭高地上，向北可以眺望敘利亞城鎮，向南可以俯視約旦河谷，下了高地便是加利利海東岸。

此外，戈蘭高地經濟價值也相當高，是敘利亞、以色列、巴勒斯坦、黎巴嫩和約旦的重要水源地，被譽為「中東水塔」。第三次中東戰爭後，戈蘭高地一直由以色列占領，這對於敘利亞來說，無疑是一把懸在頭上的利劍。戈蘭高地距離敘利亞首都大馬士革只有六十公里，以色列裝甲部隊可以在短時間內將戰鬥帶到大馬士革城下。

除了戈蘭高地，還有其他地區對中東的和平影響深遠，如波斯灣的荷姆茲海峽、埃及的西奈半島等。由於特殊的地理位置，這些區域成為名副其實的「火藥桶」。雖然〈行軍篇〉提到的「處軍、相敵」主要集中於陸上，但這並不意味著空軍和海軍就不需要關注地形地貌。

空軍機場的建設非常依賴地形地貌，既需要能夠確保戰機安全快速起降，又要保障機場的安全。許多國家和地區的戰機機庫都刻意隱藏在山區深處，甚至跑道都是從山洞中延伸出來的，因為安全性是最重要的。為了進一步加強安全，機場還需利用周邊的地形地貌做偽裝，甚至布設各種假目標，這些措施充分體現了地形地貌對空軍的重要性。

當戰場轉移至空中時，地形地貌的影響依然存在。地形地貌會影響當地的天氣，當地天氣則會影響空戰的作戰條件，從而影響戰術任務。例如，雷電、積冰和不穩定氣流會威脅到飛行安全，暴風、雨雪和大霧等天氣會影響飛機的起降。當飛行員在空中執行任務時，天氣會成為敵人，對空投、傘降、轟炸等任務產生重大影響。

那麼，海戰又和地形地貌有何關聯呢？二〇二一年十月二日，美國海軍康乃狄克號核動力潛艇（USS Connecticut〔SSN 22〕）在南海潛航時「撞山」，潛艇艇艏受損嚴重，聲納罩亦受損，至今仍在修復。事實上，人類對海洋的了解至今仍然有限，甚至對宇宙的認識都比海洋更為深入。二〇二三年六月十八日，泰坦號潛水器在進行「海底觀光」時發生了內爆，造成五人死亡，可見深海旅遊的風險並不亞於太空旅遊。從這些角度來看，我們對美軍核潛艇在南海「撞山」的事件就能有更深的理解：並非美軍不努力，而是海底地貌過於複雜，即使潛艇再先進，也難免會在海底「翻船」。畢竟，海洋的平均深度超過三．六公里，而美軍核潛艇的最大潛深只有約六百公尺。

經過人類的探索後，我們發現海底地貌與陸地十分相似，海底也有山脈、丘陵、溝壑、平原。為什麼世界大國頻繁派遣科學考察船在各大洋進行「科學考察」？主要目的就是蒐集海洋環境資料，建立數位海洋地圖，用來服務水面船隻和水下潛艇。如果沒有這些現代海圖的幫助，船隻就難以順利航行。然而，地球不間斷的地殼運動時常會改變海底環境，破壞原有的海圖，這意味著海圖必須經常更新。然而，一旦進入戰爭，敵對雙方常會刻意破壞原有的海戰場環境，例如利用沉船、誘發海底斷層等人為手段，讓對方的數位海洋地圖變得無用。

## 日軍如何用謙遜掩藏侵略計畫？

依據地形地貌來「處軍、相敵」，是非常重要的軍隊部署方法，沒有掌握科學方法或不遵循戰爭客觀規律，將會導致嚴重後果，這一點我們已經在前文中詳細介紹。然而，即使能夠在戰爭中靈活運用地形地貌的優勢與劣勢，對戰場態勢的掌握依然是一個難題。《戰爭論》的作者克勞塞維茨認為，大部分的戰場態勢似乎都隱藏在雲霧中，有四分之三的行動依據無法明確辨認。在科技日新月異的今天，任何細微的線索都有可能引發蝴蝶效應，進而改變戰局的走向。因此，在〈行軍篇〉中，緊接著「處軍、相敵」之後的是「相敵三十二法」，孫武想告訴我們，凡事應該從細微處入手，無論是「眾樹動者」、「眾草多障者」、「鳥起者」、「獸駭者」這樣的細節都不容忽視，甚至連揚起的塵土高低、方向、範圍，都是判斷敵情的重要依據。唯有重視細節，才能在迷霧重重的戰場上預判敵情，搶占主動權。

孫武的「相敵三十二法」可以歸納為三大類：透過觀察周圍環境，來判定敵人的行動；透過敵人的言辭態度，來推測其企圖；透過打探敵軍狀態，來判斷其戰鬥力。

讓我們來嘗試解讀敵人言辭中暗藏的深意。

一九三一年至一九四一年，日本入侵中國，長達十年的戰爭使日本深陷泥淖。為了獲取資源以支持侵略行動，日本將貪婪的目光投向東南亞，卻被美國凍結了石油貿易。眼看著這個「命根子」即將被掐斷，日本決定發動閃電突襲珍珠港，試圖全殲或重創美國太平洋艦隊，藉此建立日軍的海空優勢。這個故事的結局我們早已耳熟能詳，但最精彩的部分，其實並不是結局，而是開端。

為了讓美國放下戒心，日本採取了「辭卑而益備」的策略，表面上言辭謙卑，背地裡卻加緊備戰。〈行軍篇〉用兩個字「進也」揭示了這類表象背後的真實目的——日本首先透過外交途徑向美國示好，派出親美派的野村吉三郎擔任駐美大使，在當時的美國媒體報導中，這位大使被描繪為「和平與友好」的象徵。標題如「野村將軍是偉大的美國的朋友」和「和平渴望來臨」等，無不強調日本的和平立場。同時，日本的媒體也發表聲明稱「不放棄和平希望」，與美國媒體隔洋共唱和平之歌，令人不得不信服。

日本表面上歌唱和平的同時，日軍卻在關東進行大規模軍演，營造出與蘇聯開戰的假象。在這一切偽裝背後，偷襲珍珠港的艦隊正在祕密集結，最終在美軍官兵享受愜意週末時，日軍成功將珍珠港變為火海，用兩個半小時的轟炸證明了何為「辭卑而益備，進也」。

可見，無論是在戰場上還是在工作生活中，若遇到如日本對美國那樣突如其來的謙恭可親，一定要提高警惕。若不慎陷入敵人設下的圈套，最終可能落入和太平洋艦隊一樣悲慘的下場。

從另一個視角來看，我們也不得不承認，日本偷襲珍珠港的戰術相當成功。短期內，日本透過周密的部署，偷偷集結了強大的海空力量，消除了美軍太平洋艦隊的威脅，隨後日軍迅速占領了東南亞和太平洋西南部，甚至擴張至印度洋。但從長期來看，偷襲珍珠港激起了美國的復仇心，促進盟軍的團結，也為日後日本本土遭受核彈攻擊埋下了種子。有歷史學家認為，日本決定偷襲珍珠港的那一刻，已經注定了戰敗的命運。從更高的視角來看，這一歷史事件恰恰印證了孫武那句話「**兵非益多也，惟無武進**」，即兵力不是越多越好，而在於不要盲目冒進。日本盲目冒進的結果，最終換來了兩顆原子彈的打擊，並宣布戰敗投降。

與日本盲目冒進相對的，是兵不血刃的拿下克里米亞半島的俄羅斯。

二〇一四年初，烏克蘭爆發「廣場革命」，親俄總統亞努科維奇被趕下臺，烏克蘭再次倒向西方。這讓長期以來覬覦烏克蘭的俄羅斯失去了耐心。尤其當情報指出北約計畫進駐克里米亞半島和塞凡堡時，普丁終於決定採取行動。

二〇一四年二月二十八日，數十架「伊爾－76」軍用運輸機引擎轟鳴，載著俄羅斯獨立近衛空降旅的空降兵，祕密飛往克里米亞半島。對於「五行缺水」的俄羅斯來說，克里米亞半島是一塊魂牽夢縈的土地。誰控制了克里米亞，誰就能控制黑海，並影響小亞細亞半島、巴爾幹半島及高加索山脈，因此此地極富戰略價值。

然而，伊爾－76運輸機並沒有直接飛至克里米亞，而是先降落在距離克里米亞不遠的阿納帕（Anapa），俄軍空降兵再轉乘大型登陸艦，進攻克里米亞半島最大城市塞凡堡，成為俄軍在克里米亞的首批機動部隊。行動開始後，他們摘掉所有俄軍徽章，在烏克蘭軍隊做出反應之前，幾乎沒有耗費彈藥就迅速占領當地的關鍵基礎設施和重要機構，切斷了所有通訊。

十八天後的三月十八日，普丁與克里米亞及塞凡堡代表簽署條約，正式將克里米亞併入俄羅斯。

從二月二十八日進入克里米亞半島以來，俄羅斯僅花三週就占領烏克蘭兩萬四千平方公里的國土。這時再讀「**兵非益多也，惟無武進，足以並力、料敵、取人而已**」這句話，會覺得更加深刻。尤其是「料敵」兩字，俄羅斯洞悉烏克蘭內部的動盪不安，因此發動雷霆行動接管克里米亞，這一事件值得我們深思。

在「料敵」之後，還有「取人」。如何識人、選人、用人，這個問題不僅存在於軍隊，也存在於現代社會中。「取人」之道的最終目標，就是要讓命令能夠順利執行。那麼，如何達到上述效果呢？孫武認為最重要的就是「令」——也就是現代所說的「建立紀律」。

商場如戰場

# 海底撈的「子弟兵」管理術

〈行軍篇〉是《孫子兵法》十三篇中篇幅較長的一章，內容具體且深入。但需要注意的是，若以現代意義來理解「行軍」二字，恐怕無法完整概括本章的核心思想。在古代，「軍」不僅指軍隊，還包括軍隊所建立的營壘。因此，〈行軍篇〉的重點並非僅在於軍隊如何行動，而是更注重如何駐紮、觀察敵情，以及管理士兵等戰略與戰術問題。

孫武強調：「**卒未親附而罰之，則不服，不服則難用也。卒已親附而罰不行，則不可用也**」。換言之，將領不應輕易處罰士兵，應在彼此建立親近與信任關係後再行懲罰，否則只會引發士兵的不滿。然而，若士兵與將領已經建立親近與信任，但士兵仍不遵守紀律，而將領卻不予處罰，則會使士兵養成驕縱之氣，這類士兵也不能用。

在企業管理，尤其是員工管理上，除了賞罰分明之外，還需建立完整的激勵與培育機制。這方面，海底撈無疑是企業界的佼佼者。作為知名的火鍋連鎖餐飲企業，海底撈在員工關係維護上獨樹一幟。

海底撈將員工視為家庭的一部分，提供舒適的住宿條件，使員工感受到尊重與關懷。其管理層皆由基層晉升，深諳員工內心訴求，真心關懷員工，從而贏得員工的認可。公司將員工視為最重要的資產，實施員工獎勵計畫，表現優異者可獲得股權激勵。管理人員與員工同住員工宿舍，以確保良好的生活環境，關心員工的健康與起居。此外，薪資結構除基本工資外，還包含獎金與浮動工資，以鼓勵員工表現卓越。同時，公司亦照顧員工的家庭需求，提供超出預期的福利待遇。

海底撈的激勵方式亦極具創意。例如，公司將獎金直接寄送給員工父母，以此表達關懷，同時激發員工的工作熱情。此外，公司還鼓勵他們提出建議，充分尊重員工的意見。

海底撈也重視顧客滿意度，並結合標準化流程與員工的創造力，這些都是海底撈穩健發展的關鍵。

海底撈高度信任員工，授權員工一定的決策權，以激發其創造力與責任感。同時，公司還引入「嫁妝」制度（即員工離職能夠獲得補償），藉此表達對員工貢獻的肯定，並鼓勵員工長期留任。

這些措施都營造出以員工為中心、以家庭為基礎的工作環境，激勵員工更加全心全意地投入工作，體現了海底撈「尊重員工」的核心理念。透過這套管理模式，海底撈建立了深厚的員工信任與合作關係，打造出一支高度忠誠且敬業的團隊，培養出屬於企業的專屬「子弟兵」。

# 第十章

# 地形篇

## 六種「地形陷阱」：戰場和商業中的隱性陷阱

為什麼一些明明勝券在握的戰爭，最後卻失敗了？
孫武認為，這是因為組織內部有未發現的漏洞。
在本篇中，我們將從六大面向出發，
來檢視戰鬥和商業策略中的隱性漏洞。

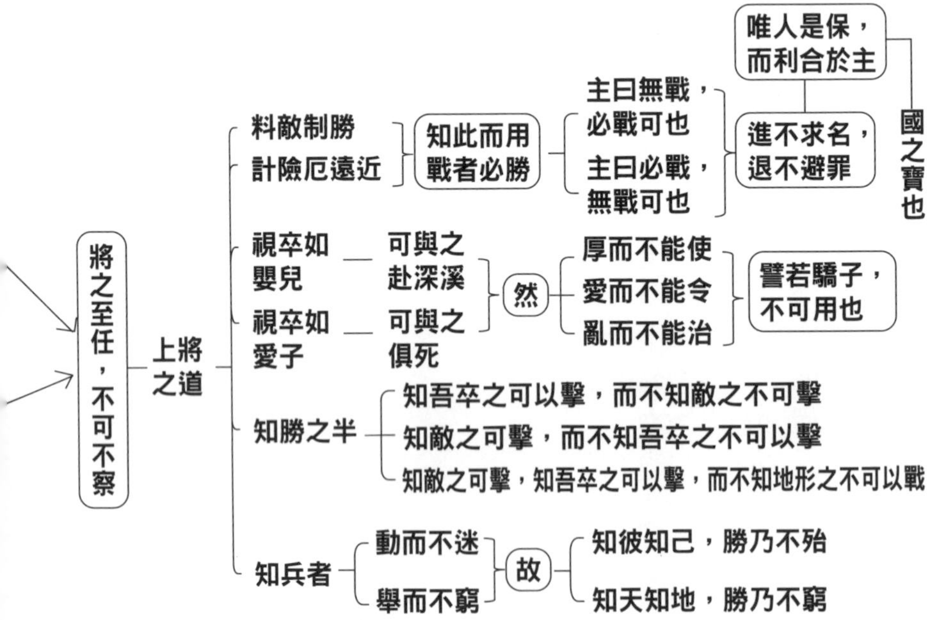
將之至任，不可不察
上將之道
料敵制勝
計險厄遠近
知此而用戰者必勝
主曰無戰，必戰可也
主曰必戰，無戰可也
進不求名，退不避罪
唯人是保，而利合於主
國之寶也
視卒如嬰兒
可與之赴深溪
視卒如愛子
可與之俱死
然
厚而不能使
愛而不能令
亂而不能治
譬若驕子，不可用也
知勝之半
知吾卒之可以擊，而不知敵之不可擊
知敵之可擊，而不知吾卒之不可以擊
知敵之可擊，知吾卒之可以擊，而不知地形之不可以戰
知兵者
動而不迷
舉而不窮
故
知彼知己，勝乃不殆
知天知地，勝乃不窮

# 〈地形篇〉兵法心智圖

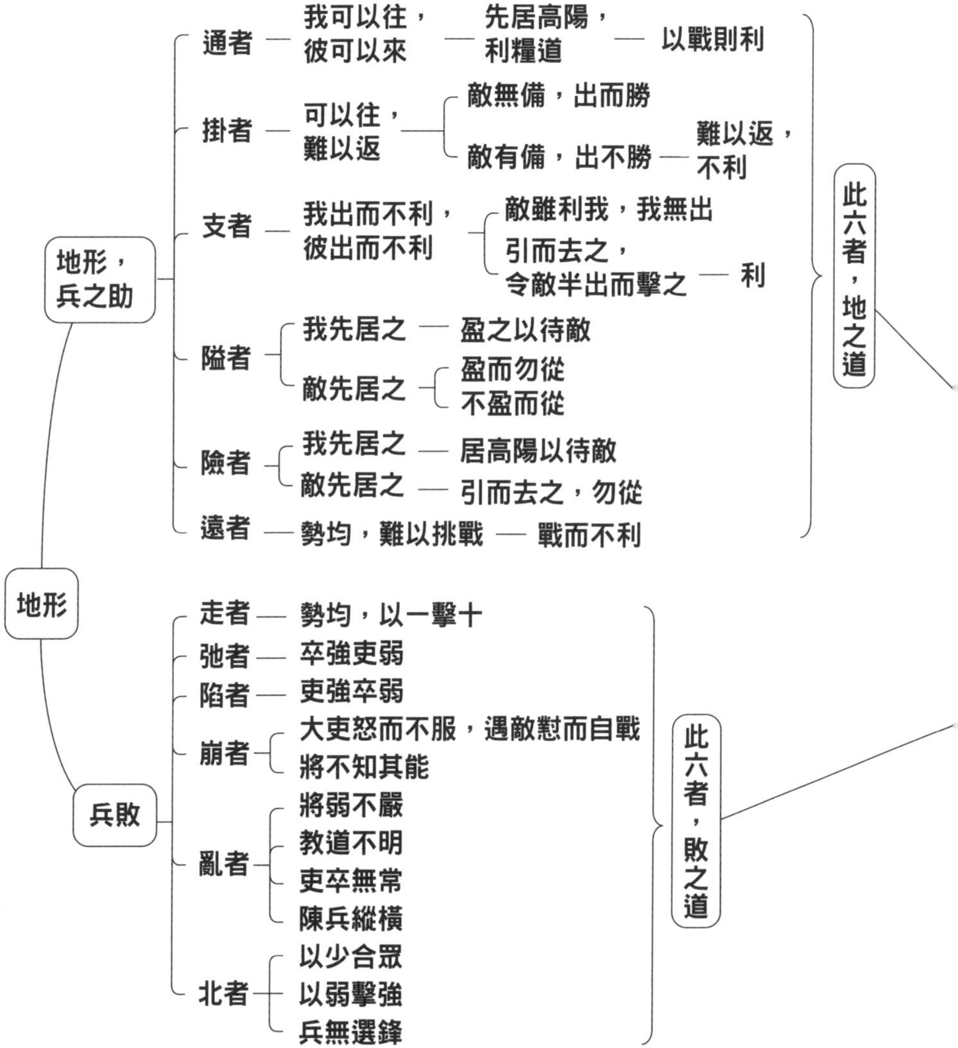
地形
地形，兵之助
通者
我可以往，彼可以來
先居高陽，利糧道
以戰則利
掛者
可以往，難以返
敵無備，出而勝
敵有備，出不勝
難以返，不利
支者
我出而不利，彼出而不利
敵雖利我，我無出
引而去之，令敵半出而擊之
利
隘者
我先居之
盈之以待敵
敵先居之
盈而勿從
不盈而從
險者
我先居之
居高陽以待敵
敵先居之
引而去之，勿從
遠者
勢均，難以挑戰
戰而不利
此六者，地之道
兵敗
走者
勢均，以一擊十
弛者
卒強吏弱
陷者
吏強卒弱
崩者
大吏怒而不服，遇敵懟而自戰
將不知其能
亂者
將弱不嚴
教道不明
吏卒無常
陳兵縱橫
北者
以少合眾
以弱擊強
兵無選鋒
此六者，敗之道

## 〈地形篇〉原文

孫子曰：地形有通者，有掛者，有支者，有隘者，有險者，有遠者。我可以往，彼可以來，曰通。通形者，先居高陽①，利糧道，以戰則利。可以往，難以返，曰掛。掛形者，敵無備，出而勝之；敵若有備，出而不勝，難以返，不利。我出而不利，彼出而不利，曰支。支形者，敵雖利我，我無出也；引而去之，令敵半出而擊之，利。隘形者，我先居之，必盈②之以待敵；若敵先居之，盈而勿從，不盈而從③之。險形者，我先居之，必居高陽以待敵；若敵先居之，引而去之，勿從也。遠形者，勢均，難以挑戰，戰而不利。凡此六者，地之道也；將之至任，不可不察也。

故兵有走者，有弛者，有陷者，有崩者，有亂者，有北者。凡此六者，非天之災，將之過也。夫勢均，以一擊十，曰走；卒強吏弱，曰弛；吏強卒弱，曰陷；大吏怒而不服，遇敵懟④而自戰，將不知其能，曰崩；將弱不嚴，教道不明，吏卒無常，陳兵縱橫，曰亂；將不能料敵，以少合眾，以弱擊強，兵無選鋒⑤，曰北。凡此六者，敗之道也；將之至任，不可不察也。

夫地形者，兵之助也。料敵制勝，計險厄⑥遠近，上將之道也。知此而用戰者必勝，不知此而用戰者必敗。

故戰道必勝，主曰無戰，必戰可也；戰道不勝，主曰必戰，無戰可也。故進不求名，退不避罪，唯人是保，而利合於主，國之寶也。

視卒如嬰兒，故可與之赴深溪；視卒如愛子，故可與之俱死。厚而不能使，愛而不能令，亂而不能治，譬若驕子，不可用也。

知吾卒之可以擊，而不知敵之不可擊，勝之半也；知敵之可擊，而不知吾卒之不可以擊，勝之半也；知敵之可擊，知吾卒之可以擊，而不知地形之不可以戰，勝之半也。故知兵者，動而不迷，舉而不窮。故曰：知彼知己，勝乃不殆；知天知地，勝乃不窮。

## 注釋

①高陽：地勢高且向陽的地方。
②盈：充盈。
③從：跟從。
④懟：憤怒。
⑤選鋒：指挑選精銳士兵組成突擊部隊。
⑥厄：險要。

## 譯文

孫武說，地形可以分為「通」、「掛」、「支」、「隘」、「險」、「遠」六種。

所謂「通」，指的是敵我雙方都能自由進出的地形；在「通」地，應當搶先占據高地且朝陽的地勢，這樣有利於補給線的暢通，對作戰更為有利。所謂「掛」，是指容易進入但撤退困難的地形；在「掛」地，如果敵人防備鬆懈，可以突然出擊擊敗對方；但若敵人已有防備，出擊不成則難以撤退，會陷入不利境地。所謂「支」，是指雙方行動皆受限制、進退皆不利的地形；在「支」地，若敵軍以利益誘使出戰，我軍不應輕舉妄動，而應引兵離去，待敵軍出擊到一半時再發動攻擊，才能掌握優勢。在狹窄的「隘」地，我軍應當先行占領隘口，並以充足兵力嚴密防守；若敵軍已搶先控制並重兵駐守，不宜強行攻擊；但若敵軍守備薄弱，則可趁機奪取。在「險」地，應當占據高地且朝陽的區域；若敵軍已先行占據，則應當選擇撤離，而非強攻。在「遠」地，即敵我雙方相距遙遠之地，雙方實力相當且難以交戰，若輕率發動攻擊，將陷入不利。這六種地形及其應對之策，是軍事地形運用的基本原則，也是將帥的重大責任所在，將帥必須認真謹慎地研究。

軍隊的失敗可以分為「走」、「弛」、「陷」、「崩」、「亂」、「北」六種情況，這些情況並非天災所致，而是將帥指揮失當的結果。當敵我實力相當，卻出現敵軍十倍於我軍的情況，稱為「走」；士兵強悍，但將領懦弱，稱為「弛」；將領強悍，士兵卻懦弱，稱為「陷」；若下級將領因心懷不滿而違抗軍令，貿然迎戰敵軍，而上級將領未能察覺，稱為「崩」；將領懦弱且治軍無方，軍中調度混亂、列陣無序，稱為「亂」；將帥未能準確判斷敵情，以少敵多、以弱抗強，又未能挑選精銳組成突擊部隊，稱為「北」。上述六種情況，皆是導致軍隊敗亡的主因。將帥責任重大，因此務必認真謹慎地研究。

地形是作戰的輔助條件，優秀將領的基本職責是判斷敵情、掌握主動權，並衡量地勢險易與道路遠近。若能懂得這些道理並靈活運用於戰場，必能立於不敗之地；若忽視這些法則，就會敗北。從戰局發展來看，若必勝無疑，即便君主命令不戰，也應堅決進攻；反之，若無勝算，即便君主命令出戰，也應堅決反對。要做到這一點，將帥必須不為功名所動、不畏懲罰，只以保護軍民、維護國家利益為己任，這樣的將帥才是國家的寶貴財富。

若將領愛護士兵如嬰孩，士兵便願意赴湯蹈火；若將領待士兵如愛子，士兵便願意與其同生共死。但若僅寵愛士兵而不加管制，無法令行禁止，軍隊將如被溺愛的孩童，這樣的士兵不能用。

只知己軍可戰，卻不知敵軍不可攻，則勝算只有一半；只知敵軍可攻，卻不知己軍不堪作戰，勝算也只有一半；即使敵軍可攻、己軍可戰，若不知道地形是否有利於作戰，勝算仍然只有一半。因此，了解用兵的人，行軍不會迷失方向，決策靈活多變。知己知彼，則勝利無虞；明察天時與地利，則制勝之法無窮。

注：相較於〈行軍篇〉，〈地形篇〉視角更為宏觀，雖然兩篇皆討論軍事地理，但〈行軍篇〉側重於地形對戰鬥的影響，例如：如何紮營、如何觀察敵情，並舉例具體的山川、沼澤等地形因素；而〈地形篇〉則更強調地形對戰役全局的影響，例如：如何布陣、何時進退，並以「通」、「掛」等較抽象的概念分類地形，將領需觀察山、水、泥沼等地形來判斷其所屬類別，以決定最適當的戰略。

現代戰爭應用

# 看《孫子兵法》如何解讀現代戰場地理

每個國家，都是「地理的囚徒」。

在遙遠的過去，地理環境基本上決定了一國或一地區的實力上限。聚居在草原的遊牧部落必須不斷南下，才能得到更多的生存資源；身處河網密布、土地肥沃的「天選之子」，則文明燦爛，商貿發達；與海洋關係密切的國家，則擁有依海崛起、征服世界的可能性。

時至今日，儘管科技的進步在一定程度上改變了地理面貌，例如填海造陸早已不是新鮮事，但若想完全無視地理帶來的限制，仍是天方夜譚。當我們攤開地圖，圖上的山川、河流、平原、海洋看似靜止而沉默，但若深入探究〈地形篇〉，我們還是能從這些靜態符號中，聽見暗藏其中、震耳欲聾的制勝之聲。

「**夫地形者，兵之助也**」，即地理環境對戰爭至關重要。從〈行軍篇〉進入〈地形篇〉，孫武依然強調地形、地貌，但視角從細緻的戰術層面提升至更宏觀的戰役層級。

「**地形有通者，有掛者，有支者，有隘者，有險者，有遠者**」，即不同地形需要不同的應對策略。西歐地形以平原和丘陵為主，適合發展農業、經濟、交通，在戰時也十分有利於機動化、機械化的部隊推進，是非常典型的「通」地形。第二次世界大戰期間，法國為了抵禦德軍進攻，在這片「通」地形上耗時十餘年、斥資五十億法郎，建築了一條長達三百九十公里的防線，以當時法國陸軍部長馬奇諾（André Maginot）來命名，稱為「馬奇諾防線」。

雖名為防線，馬奇諾防線實際上集合了多種設施，從指揮所、人員休息室、發電站、食品儲藏室、彈藥庫等一應俱全。完工後，法國人視其為法蘭西的驕傲，並稱之為「世界最強防線」。法國人對這道防線的評價並非誇大之詞，因為德軍經過詳盡偵察後，也認為馬奇諾防線「不可逾越」。

然而，德軍必須逾越這道「不可逾越」的防線，問題只在於如何突破。德軍很快就發現，法國與比利時邊界的亞登（Ardennes）森林是個破綻。

亞登森林植被茂密，且多沼澤地，是敵我雙方皆難以通行的「支」地形，因此法國人理所當然認為這裡是能擋住德軍的天然屏障，修建馬奇諾防線時也刻意避開了此地，並固執地認為德軍不會愚蠢地放棄機動化裝備，改以徒步進攻。

結局眾所皆知，德軍僅用兩天便成功通過亞登森林，如鬼魅般繞過馬奇諾防線，迅速將法國切為南北兩半。而此時的馬奇諾防線，還在靜候著永遠不會正面來襲的德軍。

那麼，該如何應對敵人在「支」地形的進攻呢？「**支形者，敵雖利我，我無出也；引而去之，令敵半出而擊之，利**」，在「支」地，最有利的策略便是在敵軍推進至一半時再發動攻擊。如果當時法國在亞登森林布下埋伏，將德軍困於「支」地形加以痛擊，也許歷史會被改寫。但歷史沒有如果，今日的我們，只能在時空的另一端嗟歎。

與馬奇諾防線命運相似的，是以色列的巴列夫防線。

一九六七年，以色列在第三次中東戰爭中占領了埃及的西奈半島。西奈半島連接非洲和亞洲，猶如一枚楔子嵌入兩大洲之間，戰略地位極為重要。為了守住這塊領土，以色列投入大量人力、物力、財力，在蘇伊士運河東岸構築起巴列夫防線——寬約一百七十五公里、縱深長約十公里，以沙堤為基礎，配備機槍、火炮、坦克等重型武器，構築起看似堅不可摧的火力網。其中，最令以色列驕傲的，便是「沙陣」。對於鬆散流動的沙石而言，炮擊效果微乎其微，更遑論挖洞、埋設炸藥等傳統破壞手段。「沙陣」使埃及軍隊一籌莫展，也讓收復西奈半島再添一層阻力。

一九七三年，第四次中東戰爭爆發。埃軍派出八千人的敢死隊另闢蹊徑，以絕妙的策略成功摧毀了「完美」的巴列夫防線。究竟是什麼方法？答案是——水！埃軍利用高壓水泵衝擊「沙陣」，強勁的水流瞬間將「沙陣」化為「泥陣」，在短時間內開闢出了數十條通道。本以為勝券在握的以軍節節敗退，巴列夫防線全線崩潰，淪為笑柄。

以色列原以為在「通」地形上構築了高地工事，能夠在戰場上掌握主動權，卻萬萬沒想到，沙築的防線竟被水製成的武器輕易摧毀。作戰計畫必須與地形相適應，這正是為將者不可不察的「將之至任」，一旦出現疏漏，便可能導致前功盡棄的險境。不知當時的以軍面對這道原本固若金湯、卻最終被水沖垮的防線時，是何種心情？

在〈地形篇〉所述的六種地形應對策略中，「遠」是最後一種地形。「**遠形者，勢均，難以挑戰，戰而不利。**」與前五種地形不同的是，「遠」並非具體的地理類型，而是強調戰略距離的概念，也就是說，應盡量避免遠距離作戰。在現代戰爭中，「遠」帶來的不利影響展現得淋漓盡致。

為何不可一世的美軍會在越戰、阿富汗戰爭中屢戰屢敗？其中一個關鍵因素就是「遠」。距離過遠，補給困難，後勤保障遲滯，士兵長期作戰疲憊不堪。在越南戰爭期間，儘管美軍將日本作為補給基地，但仍需進行遠端補給與接力補給，否則無法應對戰場瞬息萬變的局勢。在歷次阿富汗戰爭中，無論是英軍、蘇軍，還是美軍，都選擇遠征作戰。拋開複雜的地形與惡劣的天候不談，時間一久，若無法迅速實現戰爭目標，遠征軍必然會被拖垮，無一例外。

## 阿拉伯聯軍的敗局啟示：將領才能決定勝負

除了六種地形的應對之策，〈地形篇〉還列舉了六種敗局的失敗原因，並特別強調：「非天之災，將之過也。」換言之，戰敗的關鍵並非「天災」，而是「將過」。將領是一支軍隊的核心，其能力與素質會影響戰局的走向。這一原則同樣適用於現代社會，在職場與企業經營中，領導者的決策往往決定了企業的成敗。一個殘酷的事實是，即便手握一副好牌，若落入無能的領導者之手，仍可能落得全盤皆輸的下場，正如第一次中東戰爭中的阿拉伯聯軍。

一九四八年五月十四日，以色列宣布建國。第二天，埃及、敘利亞、約旦、黎巴嫩、伊拉克五國組成的阿拉伯聯軍對以色列發動攻勢，第一次中東戰爭爆發。從軍力配置來看，阿拉伯聯軍「手氣」極佳，兵力與裝備皆遠勝以色列。幾乎沒有坦克與重炮的以軍，在戰爭初期節節敗退，傷亡慘重，甚至有將領直言，以軍根本無法抵擋阿拉伯聯軍的攻勢。

然而，我們都知道，第一次中東戰爭的轉捩點正是在此刻出現。瀕臨崩潰的以色列在美國的支持下，利用短短四週的停火時間重整旗鼓，最終扭轉戰局，一舉贏得勝利。但不可忽視的是，以軍能夠逆轉戰局，除了外部援助外，還有一個至關重要的因素——阿拉伯聯軍內部將帥不和、各懷異心。

表面上，阿拉伯聯軍信仰一致、目標一致，實際上，各國各有盤算，貌合神離。於是，戰爭中出現了許多令人匪夷所思的亂象，例如「多頭指揮」。戰爭伊始，阿拉伯聯軍的統帥是約旦國王阿布杜拉（Abdullah I of Jordan），但其他國家為了限制其權力，又推舉昔日的阿拉伯英雄考克吉（Fawzi al-Qawuqji）為志願軍總指揮。進入戰爭第二階段後，阿布杜拉幾乎淪為有名無實的統帥，各國各自為戰，沒有人聽從他的指揮。

然而，多頭指揮並非最嚴重的問題，真正可怕的是指揮混亂。埃及歷史上極具影響力的領導人、「費盧傑之虎」納瑟（Gamal Abdel Nasser）曾憤怒地回憶道：「我厭惡那些坐在安樂椅上的將領，他們對戰場上的實際情況與士兵的生死毫無概念，卻滿足於在地圖上指指點點，隨意下達命令，要我們占領這個陣地、奪取那個據點。」無能的將領，使士兵們不像是在打仗，反而更像是被送往屠宰場的羔羊。

阿拉伯聯軍將帥展現出的「敗之道」如此明顯，因此在占據優勢的情況下輸掉戰爭，也就不足為奇了。

那麼，在孫武眼中，一名優秀的將領應具備那些能力？「**料敵制勝，計險厄遠近**」，即能準確判斷敵情、掌握戰場主動權，並細緻考察地形險易等作戰條件，這便是「上將之道」。若具備這些能力，則「戰者必勝」；反之，則「戰者必敗」。

亂世出英雄，中東地區連年戰火，不僅見證了國際風雲變幻，也孕育出影響國際格局的強人。二〇二〇年二月二十五日，埃及前總統穆巴拉克（Hosni Mubarak）去世，象徵著締造二十世紀中東格局的最後一位中東強人正式離開舞臺。如今，許多人或許已經淡忘埃及曾是中東地區的頭號強國，但當穆巴拉克的名字被提起，思緒仍不禁回到二十世紀的硝煙之中。

首先，讓我們換個角度來看第四次中東戰爭。當時穆巴拉克擔任埃及空軍司令，正是他指揮了對以色列的大規模空襲，為奪回西奈半島開闢道路。

一九七三年十月六日，埃、敘兩軍分別向被以色列占領的西奈半島和戈蘭高地發起進攻。埃軍在防空兵和炮兵的火力掩護下，陸、海、空三軍密切合作強渡蘇伊士運河，並出動兩百餘架戰機突襲運河東岸的以軍巴列夫防線及縱深目標，摧毀多處「鷹式」（MIM-23 Hawk）防空飛彈陣地及大部分機場。同時，埃及防空部隊組成嚴密的防空火力網，在戰爭初期的兩小時內擊落十餘架以軍戰機，成功掌控運河上方的制空權，使以軍戰機不敢進入該區域。在現代戰爭中，掌握制空權即掌握戰場主動權，而失去運河上制空權的以軍陷入極為被動的局面。

儘管第四次中東戰爭最終以色列戲劇性地扭轉戰局，但不得不承認，埃及與敘利亞軍隊在戰場上的初期優勢，很大程度上仰賴埃及空軍的強大實力，而穆巴拉克作為空軍司令功不可沒。時任埃及總統沙達特在自傳《尋找身分》（*In Search of Identity*）中，評價穆巴拉克的指揮「徹底而驚人的成功」。

## 現代情報戰：從三維到四維的戰場新思維

值得注意的是，雖然〈地形篇〉指出了將領應具備的能力，並強調「**知此而用戰者必勝，不知此而用戰者必敗**」，但要想奪取勝利，還需考量一個不可忽視的因素——戰爭決策必須符合「戰道」的發展趨勢。**從戰術上來看，「戰道」是指戰場形勢的變化；從戰略層面來看，則是指戰爭的整體發展趨勢。**若國君的決策違背「戰道」，則不可輕率出兵；反之，若能順應「戰道」，則進不求功名，退不避罪責，唯以保護百姓與士兵為重，這才是「國之寶也」。

美國曾有一位出身貧民區的四星上將，在波斯灣戰爭中，他是緊握「戰道」脈搏的英雄；然而，在伊拉克戰爭中，他卻違背「戰道」，最終用一句謊言毀掉一個國家，他的名字是科林．鮑威爾（Colin Powell）。

我們已經多次提及波斯灣戰爭，不得不承認，這場戰爭對全球戰略格局的影響實在過於深遠。若深入分析美軍以極小代價換取輝煌勝利的原因，則絕對無法忽略鮑威爾所制定的「強化選擇（Overwhelming Force）」戰略。所謂「強化選擇」戰略，簡單來說就是採取最大規模的軍事行動，對敵方實施決定性打擊。因此，我們看到美軍出動大量轟炸機，對伊拉克的機場、導彈發射陣地等關鍵目標進行反覆且猛烈的轟炸，正如鮑威爾所說，伊拉克夜空中此起彼落的爆炸聲，揭開了戰爭新紀元的序幕。

憑藉在波斯灣戰爭中的卓越表現，鮑威爾獲頒美國國會榮譽勳章，這是美軍將領所能獲得的最高榮譽。波斯灣戰爭與鮑威爾密不可分，甚至可以說，沒有波斯灣戰爭，就沒有後來的鮑威爾，這似乎是命運的安排。然而，當伊拉克戰爭開啟時，一切卻更像是命運的嘲弄。

二〇〇三年二月，時任美國國務卿鮑威爾在聯合國安理會上拿出一小管「白色粉末」，宣稱這是伊拉克研製大規模殺傷性武器的證據。以此為由，美國及其盟友不顧國際社會的強烈反對，繞過聯合國安理會，貿然對伊拉克發動戰爭。然而，與鮑威爾此前主張的「以壓倒性優勢速戰速決」策略截然不同，這場戰爭持續了八年，奪去二十多萬條生命。鮑威爾為什麼沒有遵循「戰道」原則，而以一個彌天大謊發動曠日持久的戰爭？

事實上，鮑威爾曾極力反對以武力解決伊拉克問題，認為比起轟炸，發動遏制政策就能迫使巴格達政權更替，但時任美國總統小布希（George Walker Bush）堅持伊拉克必須接受炮火的「教訓」。於是，我們就看到了二〇〇三年聯合國安理會上的那一幕，鮑威爾拿出「白色粉末」，作為伊拉克研製化學武器的證據。「主曰必戰，無戰可也」，鮑威爾未能阻止這場荒謬的戰爭，他也在事後承認這是自己人生中最大的汙點。二〇二一年，鮑威爾感染新冠去世，伊拉克記者在網上發文說道：「鮑威爾未因在伊拉克的罪行接受審判就死去了，這令我深感遺憾。」

所有偉大的國家，都會在和平時期為戰爭的爆發做準備，而這種準備的目的，正是為了維持和平。這句話初讀或許顯得誇張，甚至有些拗口，但結合當今複雜的國際局勢來看，卻充分體現了一個國家在面對已知與未知挑戰時所做的一切準備。

「**知彼知己，勝乃不殆；知天知地，勝乃不窮**」——了解自己，了解對手，了解天時，了解地利，這句話跨越千年，仍是制勝真理。那麼，在現代戰爭中，又該如何做到「知彼知己、知天知地」呢？答案在於偵察與預警。隨著科技的發展，「千里眼」、「順風耳」早已不只是神話，戰場的範圍也變得無限廣闊。

現代的偵察技術與裝備已經可進行全球範圍的偵察、監視和預警，而戰場情報的來源已不再局限於傳統的三維空間。除了我們熟知的陸、海、空、天之外，時間、電磁、網路、心理等領域，皆是情報戰爭的一部分。

前蘇聯總理赫魯雪夫為何同意「蘇聯航太之父」柯羅列夫（Sergei Korolev）發射衛星？並非單純為了在航太科技上占據制高點，而是希望透過這些衛星窺探美國總統的一舉一動。同樣，隨著核導彈數量的膨脹，美蘇雙方都想確定對方的核導彈部署位置與發射時機，於是，各類光學、雷達、紅外線偵察衛星與早期預警衛星應運而生。科技的發展讓情報獲取的方式更加多元且精準，但當科技無法完全洞察對手的心理時，傳統的「諜報」手段仍然不可或缺。因此，技術情報與人工情報，二者缺一不可。這一點，不僅適用於戰場，同樣適用於商場。

**商場如戰場**

## 從華為到次貸風暴：管理者的職業道德是關鍵

在〈地形篇〉中，孫武進一步強調將領應具備的素質：「**故戰道必勝，主曰無戰，必戰可也；戰道不勝，主曰必戰，無戰可也。故進不求名，退不避罪，唯人是保，而利合於主，國之寶也。**」換言之，將領的個人價值觀、道德水準與人格魅力，都是影響軍隊戰鬥力與戰爭結果的關鍵因素。

若將這一觀點延伸至商業領域，則對應的便是管理者的職業道德標準。若管理者自身行為不端、缺乏職業道德，企業將難以長遠發展。

管理者應該具備哪些品格呢？

首先，管理者應誠實守信，言行一致，避免虛假陳述或欺瞞行為。其次，對待員工、同事與利益相關者應公平公正，不偏袒任何人，也不得歧視。再者，要尊重個體的尊嚴、權利與觀點，不侵犯他人利益。此外，管理者還肩負對組織、員工與社會的責任，必須考量長遠利益，避免短視近利的決策。

在美國次貸危機爆發前，許多銀行高階主管都隱藏著職業道德方面的問題。

例如，銀行高層批准大量高風險、不合格的貸款，甚至提供給毫無償還能力的借款人，這嚴重違背了貸款應基於借款人信用與償還能力的基本原則。此外，一些銀行高層推銷複雜的金融產品，卻未充分揭露風險，甚至提供誤導資訊，誘導客戶購買高風險產品，這違背了誠信、透明與客戶利益優先的職業道德。

更有甚者，一些銀行高層涉嫌操縱財務報表，隱瞞公司財務狀況，誇大資產價值，以吸引投資者或掩蓋財務困境，這違反了財務報告的真實性原則。此外，他們還在次貸危機期間進行高風險套利，追求短期暴利，不顧銀行的長期穩定性與客戶利益，這明顯違反了對銀行穩定性與長期發展負責的基本職業道德。

這些道德失衡不斷累積，最終成為次貸危機爆發的主因之一。

看完負面案例，我們再來看看正面案例。華為常務董事余承東作為開創市場的大將，他勇於創新、敢於冒險，甚至憑著一己的努力，改變了整個產業的格局。

首先，余承東敢於在新技術領域進行嘗試和創新。當年，小米手機在市場上迅速崛起，而華為仍未推出自有品牌手機。此時，余承東臨危受命，接管手機業務，並大膽宣告：「三年內讓華為手機銷量超越蘋果，五年內趕超三星！」改革勢必會影響部分人的利益，因此他一度成為眾矢之的，甚至被戲稱為「余大嘴」。然而，在任正非的堅定支持下，他成功推動改革，最終在二〇一九年讓華為手機銷量躍居中國第一、全球第二，從「余大嘴」變成「救火英雄」。

其次，余承東擁有敏感的市場洞察力和戰略眼光，能夠在困難時期做出正確的戰略選擇。二〇〇三年，3G技術正處於風口浪尖，華為面臨了是否開發更小、更輕的分體式基站的重大抉擇。這項開發將承擔巨大風險，甚至可能導致資金鏈斷裂。當高層猶豫不決時，余承東力排眾議，拍桌堅持：「必須做！不做，我們永遠無法超越外國廠商！」事實證明他的判斷是正確的。華為成功研發出體積小、重量輕、訊號強的分體式基站，到了二〇一二年，華為在歐洲無線通訊市場的占有率從百分之九飆升到百分之三十三。

作為領導者，余承東不僅擁有堅定的信念，也具備激勵團隊、發掘人才的能力。他能夠帶領團隊攻克重大技術難關，推動華為在全球範圍內脫穎而出。他能夠在逆境中迅速做出應對，並透過創新和改革化解危機。這些品格和特質，正是他職業生涯中成功的關鍵。

總而言之，無論是在戰場還是商場，成功都依賴深入的戰略思考與正確的行動。將領要了解己方與敵方軍隊的戰鬥力，掌握地形優勢，才能提升勝算。擅長打仗的將領都能掌握這些精髓，在作戰時不會失去方向，所採取的策略也變化無窮。在商場也是如此，優秀的管理者亦然，唯有堅守職業道德，帶領團隊克服重重挑戰，才能走向真正的勝利。

# 第十一章

# 九地篇

**戰鬥的終極藝術就是「掌握時機」**

在戰場和商場上，「判斷時機」的能力最為重要：

何時該奮戰？何時該避戰？

何時該用計謀拉攏？何時該掠奪資源？

孫子在本章中歸納出九種「地勢」，涵蓋了世界上千百萬種情境。

- 故善用兵者
  - 使敵人前後不相及
  - 眾寡不相恃
  - 貴賤不相救
  - 上下不相收
  - 卒離而不集
  - 兵合而不齊
    - → 合於利而動
      - 不合於利而止
      - 敵眾整而將來 — 奪其所愛
  - 兵之情
    - 乘人之不及
    - 由不虞之道
    - 攻其所不戒
      - → 主速
    - 為客之道
      - 深入則專
      - 為不可測
        - 掠於饒野，三軍足食
        - 謹養而勿勞，並氣積力
        - 運兵計謀
          - → 投之無所往
            - 甚陷則不懼
            - 無所往則固
            - 深入則拘
            - 不得已則鬥
              - → 死且不北，死焉不得
                - 故
                  - 兵不修而戒
                  - 不求而得
                  - 不約而親
                  - 不令而信
                    - → 至死無所之

- 聚三軍之眾，投之於險
  - 九地之變
  - 屈伸之利
  - 人情之理
    - → 不可不察

- 信己之私，威加於敵 — 其城可拔，其國可隳

- 投之亡地然後存，陷之死地然後生 — 夫眾陷於害，然後能為勝敗

- 是故
  - 始如處女，敵人開戶
  - 後如脫兔，敵不及拒
    - → 必勝

# 〈九地篇〉兵法心智圖

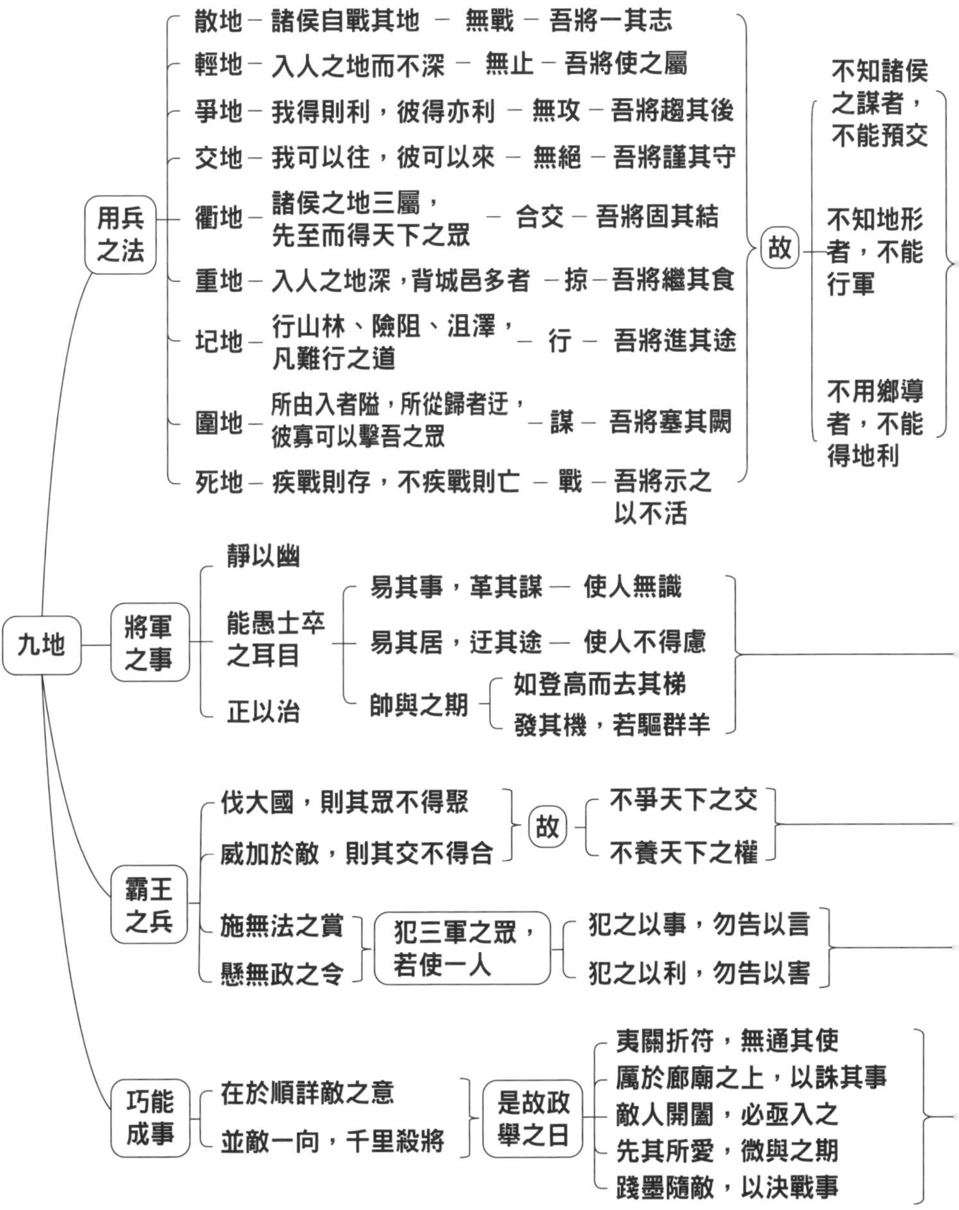
九地
用兵之法
散地－諸侯自戰其地－無戰－吾將一其志
輕地－入人之地而不深－無止－吾將使之屬
爭地－我得則利，彼得亦利－無攻－吾將趨其後
交地－我可以往，彼可以來－無絕－吾將謹其守
衢地－諸侯之地三屬，先至而得天下之眾－合交－吾將固其結
重地－入人之地深，背城邑多者－掠－吾將繼其食
圮地－行山林、險阻、沮澤，凡難行之道－行－吾將進其途
圍地－所由入者隘，所從歸者迂，彼寡可以擊吾之眾－謀－吾將塞其闕
死地－疾戰則存，不疾戰則亡－戰－吾將示之以不活
故
不知諸侯之謀者，不能預交
不知地形者，不能行軍
不用鄉導者，不能得地利
將軍之事
靜以幽
能愚士卒之耳目
易其事，革其謀－使人無識
易其居，迂其途－使人不得慮
帥與之期
如登高而去其梯
發其機，若驅群羊
正以治
霸王之兵
伐大國，則其眾不得聚
威加於敵，則其交不得合
故
不爭天下之交
不養天下之權
施無法之賞
懸無政之令
犯三軍之眾，若使一人
犯之以事，勿告以言
犯之以利，勿告以害
巧能成事
在於順詳敵之意
並敵一向，千里殺將
是故政舉之日
夷關折符，無通其使
厲於廊廟之上，以誅其事
敵人開闔，必亟入之
先其所愛，微與之期
踐墨隨敵，以決戰事

## 〈九地篇〉原文

孫子曰：用兵之法，有散地，有輕地，有爭地，有交地，有衢地，有重地，有圮地，有圍地，有死地。諸侯自戰其地，為散地。入人之地而不深者，為輕地。我得則利，彼得亦利者，為爭地。我可以往，彼可以來者，為交地。諸侯之地三屬①，先至而得天下之眾者，為衢地。入人之地深，背城邑多者，為重地。行山林、險阻、沮澤，凡難行之道者，為圮地。所由入者隘，所從歸者迂，彼寡可以擊吾之眾者，為圍地。疾戰則存，不疾戰則亡者，為死地。是故散地則無戰，輕地則無止，爭地則無攻，交地則無絕，衢地則合交，重地則掠，圮地則行，圍地則謀，死地則戰。

所謂古之善用兵者，能使敵人前後不相及，眾寡不相恃，貴賤不相救，上下不相收，卒離而不集，兵合而不齊。合於利而動，不合於利而止。敢問：敵眾整而將來，待之若何？曰：先奪其所愛②，則聽矣。

兵之情主速，乘人之不及，由不虞③之道，攻其所不戒也。

凡為客④之道，深入則專，主人不克；掠於饒野，三軍足食；謹養而勿勞，並氣積力；運兵計謀，為不可測。投之無所往，死且不北；死焉不得，士人盡力。兵士甚陷則不懼，無所往則固，深入則拘，不得已則鬥。是故其兵不修而戒，不求而得，不約而親，不令而信，禁祥去疑，至死無所之。吾士無餘財，非惡貨也；無餘命，非惡壽也。

令發之日，士卒坐者涕沾襟，偃臥者涕交頤。投之無所往者，諸、劌之勇也。

故善用兵者，譬如率然。率然者，常山之蛇也。擊其首則尾至，擊其尾則首至，擊其中則首尾俱至。敢問：兵可使如率然乎？曰：可。夫吳人與越人相惡也，當其同舟而濟，遇風，其相救也如左右手。是故方馬埋輪，未足恃也；齊勇若一，政之道也；剛柔皆得，地之理也。故善用兵者，攜手若使一人，不得已也。

將軍之事：靜以幽，正以治。能愚士卒之耳目，使之無知；易其事，革其謀，使人無識；易其居，迂其途，使人不得慮。帥與之期，如登高而去其梯；帥與之深入諸侯之地，而發其機，焚舟破釜，若驅群羊，驅而往，驅而來，莫知所之。聚三軍之眾，投之於險，此謂將軍之事也。九地之變，屈伸之利，人情之理，不可不察。

凡為客之道，深則專，淺則散。去國越境而師者，絕地也；四達者，衢地也；入深者，重地也；入淺者，輕地也；背固前隘者，圍地也；無所往者，死地也。

是故散地，吾將一其志；輕地，吾將使之屬；爭地，吾將趨其後；交地，吾將謹其守；衢地，吾將固其結；重地，吾將繼其食；圮地，吾將進其途⑤；圍地，吾將塞其闕；死地，吾將示之以不活。故兵之情，圍則禦，不得已則鬥，過則從。

是故不知諸侯之謀者，不能預交；不知山林、險阻、沮澤之形者，不能行軍；不用鄉導者，不能得地利。四五者，不知一，非霸王之兵也。夫霸王之兵，伐大國，則其眾不得聚；威加於敵，則其交不得合。是故不爭天下之交，不養天下之權，信⑥己之私，威加於敵，故其城可拔，其國可隳⑦。施無法之賞，懸無政之令，犯三軍之眾，若使一人。犯之以事，勿告以言；犯之以利，勿告以害。投之亡地然後存，陷之死地然後生。夫眾陷於害，然後能為勝敗。

故為兵之事，在於順詳⑧敵之意，並敵一向，千里殺將，此謂巧能成事者也。是故政舉之日，夷關折符，無通其使，厲於廊廟之上，以誅⑨其事。敵人開闔，必亟入之。先其所愛，微與之期。踐墨隨敵，以決戰事。是故始如處女，敵人開戶；後如脫兔，敵不及拒。

## 注釋

①屬：連接，此處意為三國交界。
②愛：愛惜、重視。
③不虞：沒有預料到。
④為客：指入侵他國作戰。
⑤進其途：指迅速通過。
⑥信：通「伸」，施展。
⑦隳：毀壞。

⑧詳：審查並了解。指偵察清楚敵人的意圖。
⑨誅：商議、決定之意。

## 譯文

孫武說，按照用兵的規律，戰地可以分為九種：諸侯在自己國土內作戰的地區，稱為「散地」；進入敵國但尚未深入的地區，稱為「輕地」；對我軍和敵軍皆有利的地區，稱為「爭地」；我軍與敵軍都能自由進出的地區，稱為「交地」；先行抵達便能獲得各國援助的地區，稱為「衢地」；深入敵境、背後有眾多敵方城邑的地區，稱為「重地」；地形險阻，如山林、沼澤等難以通行的地區，稱為「圮地」；進入時道路狹窄，退路曲折遙遠，敵軍可憑藉地勢以少勝多的地區，稱為「圍地」；唯有英勇奮戰才能存活，若不迅速決戰便將滅亡的地區，稱為「死地」。面對這九種地形，各有相應的應對之道：在「散地」不宜發動戰爭；在「輕地」不宜久留；在「爭地」不宜被動進攻；在「交地」不可阻斷交通；在「衢地」應該結交諸侯；深入「重地」需就地掠奪糧食補給；行經「圮地」應迅速通過；陷入「圍地」須運用計謀突圍；進入「死地」，唯有奮勇作戰，以求生機。

古時候善於作戰的人，能夠讓敵軍前後無法相互呼應，主力與小分隊無法彼此依靠，士兵之間無法相互救援，上下失去聯繫，無法重新集結，導致隊伍潰散而難以統一行動，甚至在交戰時陣型混亂。只有在對我方局勢有利時才行動，若形勢不利則停止行動。如果有人問：「敵軍人數眾多，陣容嚴整，正準備向我方進攻，應該如何應對？」我的回答是：「先奪取敵人的要害，使其受制於我軍。用兵的關鍵在於神速，應當趁敵人措手不及時，選擇意想不到的路線，攻擊敵人沒有戒備的地方。」

在敵國作戰的原則是：若我軍越是深入敵境，軍心越加穩固，敵人就越難戰勝我們。在敵國富饒之地掠奪糧草，使我軍獲得充足的補給。調整部隊狀態，不讓士兵過度疲憊，提升士氣、養精蓄銳、運籌帷幄、巧妙施展計謀，使敵人無法做出正確的判斷。將部隊置於無路可退的險境，士兵便只能奮勇衝鋒，無法後退。如此一來，將士不僅能同心協力，以死相拚，毫無畏懼，甚至全軍上下皆會奮戰到底。當士兵深陷危機，反而不再恐懼；當無路可退，軍心便會更加穩固；當深入敵境，軍隊自會嚴守紀律。迫不得已之時，唯有決一死戰。因此，在這種情況下，軍隊即使無須嚴格整頓，也能自覺保持警惕；無須特別要求，也能堅決執行任務；無須嚴格約束，也能和睦相處；無須三令五申，也會嚴守軍紀。此外，軍中嚴禁迷信活動，以消除士兵內心的疑慮，使他們即便面臨死亡，也毫不退縮。士兵沒有多餘的財物，並非因為他們厭惡財富；沒有人畏懼死亡，並非因為他們不珍惜生命。當出征的命令一下，坐著的士兵淚溼前襟，躺著的士兵淚流滿面。一旦被逼入絕境，他們便會如專諸、曹劌般奮勇無畏，戰至最後一刻。

因此，善於作戰的人，能使部隊像「率然」那樣——「率然」是生於常山的蛇，若攻擊蛇的頭部，蛇的尾巴就會來相救；若攻擊蛇的尾巴，蛇的頭部就會來相救；若攻擊蛇的中部，那麼蛇的頭部和尾部都會來相救。有人問：「軍隊真的能像率然一樣協調一致嗎？」我的回答是：「可以。」吳國人與越國人雖然彼此為仇，但當他們同乘一艘船渡河，遭遇風浪時，也會彼此扶持、攜手應對，就如同人的左右手一般。所以，依靠束縛馬韁、埋住車輪來鞏固陣型、穩定軍隊，並不是最可靠的方法。要讓軍隊齊心奮戰，如同一個整體，關鍵在於將領的領導與組織；要讓強弱之兵皆能發揮作用，關鍵則在於靈活運用地形。擅長用兵的人，能使全軍團結如一，這是因為戰場情勢迫使他們不得不如此。

將領在籌畫謀略時，應當冷靜深思；在管理部隊時，應該公正嚴明。有時需要蒙蔽士兵的視聽，使其對行動計畫毫無所知；變更作戰部署，打亂原定計畫，使敵人無法識破戰略；更換駐地，靈活調動，使敵人無法預測意圖。將領給士兵分派任務時，應如登高撤梯，使其無退路；率軍深入敵境時，應如弩機發箭，使其奮勇向前；焚毀渡船，打碎炊鍋，操控士兵如驅趕羊群般，使其無從預測行動方向。將全軍置於險境，促使他們奮戰不懈，這正是將領應該做的事。戰場地形的變化與應對方式，攻防進退的利害關係，以及對士兵心理與人性的掌握，都是帶兵之人必須深研的課題。

進攻敵國的作戰原則是：越深入敵境，軍心越加專一；若只淺入敵國，則士氣容易渙散。離開本土、越過邊境，與敵交戰的地區，稱為「絕地」；四通八達、交通便利的地區，稱為「衢地」；深入敵國腹地的地方，稱為「重地」；尚未深入敵境的地方，稱為「輕地」；背後堅固、前方險要的地形，稱為「圍地」；無路可退、生死存亡之地，稱為「死地」。因此，在「散地」，要使軍隊統一意志；在「輕地」，要讓營陣緊密相連；在「爭地」，要迅速迂迴至敵軍後方；在「交地」，要謹慎防守；在「衢地」，要鞏固與鄰國的關係；在「重地」，要確保糧草供應；在「圮地」，要迅速通過；在「圍地」，要堵住缺口防止敵軍突襲；在「死地」，要展現決一死戰的決心。軍事的原則正是如此——被圍困時必須嚴加防禦，走投無路時只能殊死一戰，陷入險境時則須聽從指揮，奮力求生。

不了解各國諸侯謀略，不能與其結交；不熟悉山林、險阻、沼澤地形，就不能行軍；不依靠嚮導，就無法充分利用地形之利。在這些方面有任何一點缺失，就無法打造一支天下無敵的王霸之軍。凡是王霸之軍討伐大國，能夠讓敵軍與百姓來不及動員，其威懾力足以阻止敵人與其他國家結盟。因此，無須刻意與某個國家交好，也無須在各國培植勢力，而應該著重發展自身的實力，對敵國施加壓力，這樣便能攻克城池，摧毀敵國的都城。打破常規來獎勵士兵，發布出人意料的軍令，調度全軍如指揮一個人，使其執行命令而不必解釋理由；讓他們爭取勝利，而無須告知可能遇到的危險。將士兵置於絕境，才能激發求生的意志；唯有身陷險境，才能奪取最後的勝利。

作戰的關鍵，在於偵察、順應敵人的戰略意圖，然後集中兵力，千里奔襲，斬殺敵將，這便是用兵的巧妙之處。

當作戰計畫確定後，應當封閉城門、嚴守關口、銷毀通行文書，並暫停使者往來。在廟堂之上反覆謀畫，慎重決策，一旦察覺敵軍有可乘之機，便要迅速行動，先攻取敵方的要害，而不與其約定交戰日期。實施作戰計畫時，應根據敵情變化靈活應對。因此，在戰爭爆發前，應如深閨中的處女般安靜隱忍，使敵人放鬆戒備；行動時，則要如受驚的野兔迅猛奔逃，讓敵人來不及應對。

注：〈九地篇〉是《孫子兵法》中篇幅最長的一章，但與〈九變篇〉類似，部分內容的真實性仍存在不少爭議。其一，部分內容與前文多有重複；其二，行文風格與其他篇章存在明顯差異。然而，若拋開這些疑點，〈九地篇〉的內容主要涵蓋兩個方面：一是如標題所示，延續〈地形篇〉的內容進一步講解；二是用大量篇幅對整部《孫子兵法》進行總結。或許有人會疑惑，為何總結內容出現在第十一章，而非最後一章？我們推測，這是因為有關領兵作戰的內容在本篇已基本講完，而後續的〈火攻篇〉、〈用間篇〉則偏向奇謀巧計，並非正面作戰的核心範疇，類似於書籍的正文與附錄，或考卷中的正題與附加題目。

現代戰爭應用

# 現代地緣政治中，九大地勢的求生之道

自人類誕生開始，所有活動皆發生於特定的地理空間，戰爭也不例外。即便到了現代，戰爭仍深受到戰場環境的制約。

戰場環境並非單指地形的高低起伏，更是戰局形勢與地緣政治密切結合後所形成的「勢」。戰局、地緣政治彼此影響、互相制約，共同構築出複雜多變的「地勢」。在中文語境中，「九」象徵無窮無盡，而〈九地篇〉正是探討不同地勢下的作戰原則與用兵之道。深邃的軍事思想是永垂不朽的。

在《孫子兵法》中，〈行軍篇〉、〈九變篇〉、〈地形篇〉、〈九地篇〉皆從不同角度論述了「地」的概念。其中〈九地篇〉篇幅最長，占《孫子兵法》全書近四分之一，並首度提出九種地勢，包括：散地、輕地、爭地、交地、衢地、重地、圮地、圍地、死地。

## 地形一：散地，爆發在本土的戰爭

**「諸侯自戰其地，為散地」**，諸侯在自己的國土上作戰，該地區便稱為「散地」，孫武認為，這種地勢不宜作戰，因為戰事若發生在國內，容易導致人心渙散，並對國家秩序、社會生產等各方面造成嚴重影響。

中東地區便是最典型案例。我們或許很難想像，伊拉克曾經是非常富庶的國家。一九八〇年兩伊戰爭爆發前，伊拉克已擁有高速公路，人民大多住在別墅、駕駛汽車。然而，再富庶的國家都禁不住戰爭的蹂躪，長達八年的戰火，燒毀了無數伊拉克與伊朗人民的未來。隨後，波斯灣戰爭又讓伊拉克為盲目入侵科威特付出了代價。

更令人唏噓的是，戰爭的陰影並未放過伊拉克。二〇〇三年，美國以伊拉克擁有「大規模殺傷性武器」為由發動戰爭，隨後的二十年裡，伊拉克人的生活籠罩在無休止的動盪不安、屠殺、貧困、失業、腐敗、恐怖主義……

沒有人希望伊拉克的悲劇重演，但類似的悲劇卻一再發生，更有國家放棄中立，主動將自己置於戰火風險之中。瑞典和芬蘭就放棄中立原則加入北約，結果只會為自己招惹麻煩。美國試圖拉攏這兩個國家加入北約，以期在北極理事會（The Arctic

Council）中形成「七打一」局勢（指加拿大、美國、冰島、挪威、丹麥、瑞典、芬蘭聯手對付俄羅斯），但俄羅斯可不是好惹的對手。

## 地形二：輕地，「戰略縱深」決定成敗

「**入人之地而不深者，為輕地**」，進入敵國但尚未深入的地區，稱為「輕地」。孫武提醒，不宜停留在這種地形，因為此地鄰近敵方核心，敵軍容易調動資源，而己方士兵容易萌生逃散的念頭。這個道理並不難理解，因此我們更應該關注的，是更宏觀的戰略縱深問題。當一個國家面臨大敵壓境時，若國土遼闊、資源豐富，即使戰爭初期處於劣勢，也能透過戰略縱深讓軍隊重獲喘息之機，重整旗鼓。換句話說，擁有戰略縱深的國家，擁有以時間換取空間的能力，不僅進可攻，退也可守；而國土狹小、戰略縱深不足的國家，則極可能在短時間內遭敵軍碾壓，甚至亡國。

科威特就是最好的例子。國土面積僅一萬七千八百一十八平方公里（不足中國重慶市的四分之一），一九九〇年伊拉克發動閃電戰，僅一天便攻陷科威特首都，隨後整個國家皆淪陷，時任伊拉克總統海珊甚至直接將科威特併入伊拉克，視其為「第十九省」。若非美國介入並發動波斯灣戰爭，科威特恐難逃亡國的命運。由此可見，戰略

縱深對國家存亡的重要性不容忽視。值得注意的是，戰略縱深不僅與國土面積有關，還涉及地形、人口分布、資源多寡等多種因素。例如，俄羅斯雖然橫跨歐亞大陸，是全球領土最廣的國家，但人口和工業主要都集中在以平原為主的歐洲低區，而氣候嚴寒、資源貧瘠的西伯利亞則人煙稀少。一旦歐洲部分遭到敵軍攻陷，俄軍即使撤退至西伯利亞，也難以獲得足夠的補給與資源支撐有效反擊。

雖然國土遼闊，但俄羅斯的戰略縱深品質並不算優秀。回顧俄羅斯歷史，幾乎是一部不斷拓展戰略縱深的戰爭史。自伊凡四世時期（西元一五四七年至一五八四年擔任沙皇）起，俄羅斯便圍繞「備戰」形成了特殊的社會結構，整個國家運行模式猶如一部為軍隊提供資源的機器。雖然頻繁的征戰導致俄羅斯人民的生活困苦，但統治者幾乎別無選擇，否則將面臨亡國風險。因此，俄羅斯周邊不能有效組織備戰的政權相繼滅亡，包括：喀山汗國、克里米亞韃靼人、鄂圖曼帝國、奧地利帝國……只有瑞典倖存，但也失去了大量領土。

相比之下，美國的國土雖不及俄羅斯遼闊，卻擁有更優質的戰略縱深。不僅各州人口分布均衡、工業發達，地理條件更是得天獨厚，國內地形複雜多樣且三面環海，任何外敵想要入侵美國，都需先跨越東西兩大洋。即使美國本土遭受攻擊，美軍也能依靠各州均衡的資源重整旗鼓。此外，美國也無須擔憂邊境問題，因為南北鄰國基本「聽從」美國的指揮。

回顧美國歷史，美國的擴張與俄羅斯如出一轍。建國初期，美國僅擁有東部的十三個州，國土面積不足現在的五分之一，之後透過購地與戰爭大幅擴張，例如從法國手中買下法屬路易斯安那（占今日美國國土三分之一）、從俄羅斯購得阿拉斯加，並在與西班牙、墨西哥的戰爭中奪取大片土地，短短百年間，國土面積擴張十二倍，奠定今日美國版圖。最具戲劇性的一幕發生於一八五〇年代，俄羅斯沙皇國因深陷克里米亞戰爭而財政吃緊，決定將統治困難的阿拉斯加出售給美國。豈料百年過後，阿拉斯加發現豐富的石油和天然氣，成為美國能源重鎮，更是對抗俄羅斯擴張的重要據點。

第二次世界大戰進一步凸顯了戰略縱深的重要性。日本入侵中國，德國侵略蘇聯，都是為了獲取戰略縱深與掠奪資源。然而，這兩國最終敗北，關鍵原因之一正是被擁有戰略縱深的國家「拖垮」。

當時日軍曾高喊「三月亡華」，但現實卻完全不同。儘管日本在戰術上屢屢獲勝，但中國遼闊的國土、豐富的資源，再加上堅定的抗日決心，使得日軍陷入戰略困境。堅持長期的戰略目標，合理調控資源與配置人力，才能逐步實現目標。如果僅憑戰術勝利的短暫興奮向前衝，最終的結果很可能如日本侵華般：短期得勢，長遠敗亡。

如今的日本依舊缺乏戰略縱深，卻依然抱持著拓展戰略縱深的意圖，推動「放棄專守防衛」、「鼓勵打擊源頭」，實質上已違反《日本國憲法》（又稱《和平憲法》）。與二戰時期相比，日本周邊不再是昔日的弱國和殖民地，因此現今的最佳選擇是保持中立。日本若一意孤行，追隨美國的「印太戰略」遏制中國，無異於重蹈軍國主義覆轍，最終只會讓歷史的悲劇再次上演。缺乏戰略縱深的國家，安分守己方為上策。

## 地形三：爭地，兵家必爭之地「蘇伊士運河」

「**我得則利，彼得亦利者，為爭地**」，所謂「爭地」，指的就是你爭我奪、寸土必爭之地，即我們常說的兵家必爭之地。孫武的忠告是：「爭地則無攻」，並非指不要進攻，而是指不應該在被動的情況下發動攻擊。

歷史上，許多關鍵城市成為軍事衝突的核心戰場，例如一九八〇年兩伊戰爭中的霍拉姆沙赫爾（Khorramshahr）、一九九四年車臣戰爭中的格羅尼茲、一九九七年科索沃戰爭中的貝爾格勒、二〇一一年利比亞戰爭中的班加西與卜雷加（Brega）、二〇二〇年納卡衝突中的舒沙（Shusha）……這些城市在各自的戰爭中都承載了巨大的戰略意義，為了爭奪它們，無數人血灑戰場。然而，這些「爭地」的價值往往局限於特定戰爭範圍，若從全球角度衡量，其戰略重要性便顯得相對有限。

那麼，何處才是真正具備全球性戰略價值的「爭地」？蘇伊士運河絕對名列前茅。二〇二一年三月二十三日，一艘貨輪在蘇伊士運河裡擱淺，導致整條運河因此堵塞。

這場突發事件立刻引發全球關注，甚至在網路上掀起了一場全球網友的惡搞盛會。然而，這起事件嚴重影響全球經濟，據德國某保險公司研究，蘇伊士運河每封鎖一天，全球貿易就會損失六十至一百億美元。一條運河竟擁有如此驚人的影響力，為什麼？關鍵在於其地理與戰略價值，蘇伊士運河橫跨亞非兩洲，連接地中海與紅海，是歐洲通往印度洋與西太平洋的最短航線。若不經過蘇伊士運河，航程將增加至少八千公里。然而，若僅從地理角度看待其重要性，仍不足以展現它的影響力，當地理優勢結合地緣政治，這條運河便成為影響全球格局的核心戰略樞紐。

自一八六九年通航以來，蘇伊士運河的營運長期由英法兩國掌握。一九五六年，埃及宣布將運河收歸國有，引發了第二次中東戰爭，英國、法國與以色列三國入侵埃及，試圖奪回運河的控制權。雖然埃及並未在戰爭中取得勝利，但在美、蘇的介入下，最終迫使英法以三國撤軍，埃及成功收回運河主權。爭奪「爭地」，並非簡單的軍事較量，更是一場權力與格局的重塑。若沒有占據絕對優勢，即使像英法以三國聯合展開軍事冒險，也難以獲取真正的勝利。

此次戰爭過後，美、蘇取代了英法主導的中東格局，英國從此淪為美國附庸，大英帝國正式走向終結；法國則加快推進歐洲一體化。直至今日，這一局勢仍在持續。

## 地形四：交地，中、俄「戰略巡航」

「**我可以往，彼可以來者，為交地。**」所謂「交地」，就是雙方皆可進出、四通八達之地。在這類區域，千萬不可阻隔交通，否則後患無窮。二〇二三年七月，中、俄海軍展開海上戰略巡航，根據中國國防部，此次演習的主題為「維護海上戰略通道安全」。這些戰略通道，便是海上的「交地」。這場演習承擔了維護宗谷海峽、對馬海峽、津輕海峽、白令海峽等水域暢通的重要任務。美軍在冷戰期間提出要控制全球十六條黃金水道，目的也是為了掌控「交地」，進而達到鞏固全球霸權的目的。

此外，二〇二三年十月，新一輪以巴衝突爆發後，葉門胡塞武裝組織多次在紅海水域襲擊與以色列「有關」的船隻，以此表達對巴勒斯坦的支持。與此同時，自二〇二四年一月起，美國和英國也針鋒相對，接連對胡塞武裝組織發動空襲，使紅海地區局勢越發緊張。紅海不僅是歐亞經濟貿易的命脈，更與西方國家的利益息息相關，然而，它同時也是阿拉伯國家的家門口，成為全球最容易爆發衝突的區域之一。

海上交地是否暢通，直接關係到各國的核心利益。若有人試圖封鎖交地，無異於「搬起石頭砸自己的腳」。某些國家或許會因中、俄的海上戰略巡航而有所警覺，也更加理解「交地則無絕」的道理。

## 地形五：衢地，土耳其操縱美、俄

「**諸侯之地三屬，先至而得天下之眾者，為衢地。**」所謂「衢地」，即連接多方勢力、具有戰略樞紐作用之地。孫武於〈九變篇〉早已強調：「衢地則合交」，在這類區域，與鄰國維持良好關係至關重要。而連接歐亞兩洲的土耳其，正是這一概念的最佳詮釋。

作為歐亞大陸地緣政治中心的土耳其，不僅在一定程度上控制著黑海，更掌握著博斯普魯斯海峽與達達尼爾海峽。這也是為何美國與俄羅斯雖對土耳其多有不滿，卻仍爭相拉攏，因為雙方都需藉助土耳其來實現自身的地緣政治利益。而土耳其則巧妙運用東西方的「需求」，以換取自身利益的最大化。

## 地形六：重地，二戰德軍慘敗

「**深入敵國境內作戰的地區，為重地。**」在重地作戰，核心原則即是：「**重地則掠**」。重地與輕地的概念相反，在輕地不宜久留，而在重地則必須穩住陣腳，並確保糧食與補給充足。

這其中牽涉到一個戰爭核心問題：後勤補給。自古以來，戰爭不論如何演變，後勤補給始終是決定勝敗的關鍵。一九四一年六月，德國入侵蘇聯，開啟了第二次世界大戰中規模最龐大、傷亡最慘重的戰役之一。我們都熟悉這場戰爭的結局，導致德國失敗的原因很多，其中之一便是德軍補給出現了嚴重問題。補給線即軍隊的生命線，當德軍推進至莫斯科後，補給線過長使其逐步陷入困境。難道德軍不懂「**重地則掠**」的原則嗎？並非如此，而是蘇聯疆域遼闊，城市與村落分散，極端嚴寒加劇了補給困難，讓德軍無法獲取當地糧草，也無法獲得支援。當後勤補給崩潰，德軍的敗局便已注定。

## 地形七至九：圮地＋圍地＋死地，拚死戰鬥才能生存

「**難以通行的地區，為圮地。**」《孫子兵法》中的「**圮地則行**」，意指遇到難行之地應迅速通過，避免停留。為了提升軍隊在這類地形的通行效率，工程兵部隊應運而生。在冷兵器時代，軍隊主要由步兵與騎兵組成，行軍受地形的影響極大。隨著科技發展，軍隊從騾馬化逐步進步到機動化、機械化。現在，輪式與履帶式裝備已成為

軍事主力，逢山開路、遇水架橋也成為行軍途中的標準作業。《孫子兵法》多次強調搶占先機的重要性，「**兵貴神速**」更是深植每位軍人心中的制勝信條。工程兵部隊的核心任務之一，便是確保行軍道路暢通。雖然不必像前線部隊那樣直接面對槍林彈雨，卻在一定程度扮演著關鍵角色，決定著軍隊能否迅速抵達戰場，發揮戰力。

然而，當難以通行的「圮地」，與敵軍可藉險制勝的「圍地」，甚至不死戰就無法存續的「死地」，同時疊加於一個國家身上時，將會產生什麼樣的影響？這正是以色列的最佳寫照。以色列三面臨敵、一面靠海，正是圍地與死地的極致體現。然而，這個孤懸在中東的猶太國度，不僅撐過了重重戰火，更憑藉自身力量影響整個中東乃至全球局勢。「**圍地則謀，死地則戰**」，以色列以奇謀求發展，以死戰求生存。一九四八年，以色列剛剛宣布建國僅幾小時，六萬阿拉伯聯軍便從四面八方包圍了以色列，企圖將其徹底消滅。當時，以色列僅能勉強籌組兩萬軍隊迎戰，在存亡之際拚死求生。而這股「為生存而戰」的精神，由始至終貫穿在五次中東戰爭之中。畢竟，埃及、敘利亞等阿拉伯國家若戰敗，依舊是阿拉伯國家；但以色列若戰敗，這個猶太國家將從地圖上徹底消失。

「**投之無所往，死且不北；死焉不得，士人盡力。**」孫武兩千多年前，已將以色列軍隊的生存哲學詮釋得淋漓盡致。當然，以色列之所以能贏得歷次中東戰爭，離不開以美國為首的西方軍事援助，但它並未將命運寄託於他人，而是持續強化自身實力。如今，以色列已躋身全球主要武器出口國之列，在科技、經濟、文化等領域亦有舉世矚目的表現。

深入分析以色列在歷次中東戰爭中的勝利關鍵，便不能忽略軍隊在陷入圍地、死地時所爆發的決心與勇氣。正如孫子所言：「**兵士甚陷則不懼，無所往則固。**」這正是以色列軍隊在戰場上屢屢逆轉戰局的關鍵所在。

## 一體化作戰：如同交響樂的獵殺行動

〈九地篇〉看似與地勢息息相關，實則不僅涵蓋地形地貌、地緣政治與戰場謀略，更涉及軍隊的核心——軍心凝聚。軍心，決定著一支軍隊的戰鬥意志。唯有士氣統一、軍心凝聚，軍隊才能達到孫武理想中的狀態，正如〈九地篇〉所述的常山之蛇：「**擊其首則尾至，擊其尾則首至，擊其中則首尾俱至。**」當我們瀏覽國際軍事新聞時，即使對軍事毫無研究，也不難察覺戰爭的目的與形式越來越多樣化。從傳統戰爭到網路戰、太空戰、無人裝備戰等新型作戰方式層出不窮。而當新舊戰法交融，軍事行動便朝著「一體化作戰」邁進——其核心原則正是「**擊其首則尾至，擊其尾則首至，擊其**

**中則首尾俱至。**」在一體化作戰體系下，軍隊不再區分兵種，而是如同一支龐大的交響樂團，每個成員依循同一張樂譜行動，讓戰場感知、決策、行動全數統一。這種模式在美軍獵殺蓋達組織首腦賓・拉登的「海神之矛」（Operation Neptune Spear）行動中，展現得淋漓盡致。

這項行動將「常山之蛇」的一體化作戰展現得淋漓盡致。二〇一一年五月一日深夜，美軍派遣二十四名海豹突擊隊員跨洋奔襲，直搗賓・拉登藏身處，一舉將其擊斃。此次行動，美軍整合了海、陸、空各軍種力量，搭建了從白宮到一線突擊隊員間的無縫指揮鏈，使遠在萬里之外的白宮能通過無人機同步傳輸影像「觀戰」並進行即時指揮。

表面上，是二十四名突擊隊員在行動，實際上，美軍動用了衛星監控、無人機偵察、戰鬥機護航、航母編隊等在後方提供全方位支援，無論哪一個環節出了問題，各方力量都能隨時策應。這種戰爭模式，正驗證了古往今來所有軍隊的終極追求：「**攜手若使一人。**」過去，這是理想，如今，它已成為現代戰爭的根本。

「**九地之變，屈伸之利，人情之理，不可不察。**」換言之，掌握地勢、權衡利弊、駕馭軍心，缺一不可。孫武在之前的篇章中，對地勢、利弊這兩方面提出了不同角度的解讀，而在〈九地篇〉中，則是反覆提及人情之理。

## 消息封鎖得越嚴密，獲勝機率越高

如何讓士兵專注作戰？如何培養軍隊的勇氣？如何讓士兵不畏生死？孫武的答案或許殘酷——「**投之亡地然後存，陷之死地然後生。**」這意味著，士兵必須身處絕境，才能激發求生意志。同時，在戰場上將士兵推入險境時，不可事先透露任務的危險程度，孫武稱之為「**犯之以事，勿告以言；犯之以利，勿告以害**」。這種戰術至今仍是各國軍隊的常見做法，例如一九九九年科索沃戰爭，俄軍派遣兩百名空降兵奪取普里什蒂納機場，這些士兵直到最後一刻才得知他們的對手竟是北約聯軍。

但戰場上的軍心不僅來自「絕境求生」，還需要「希望」。這正是戰報的意義。戰報某種程度上等同於喜報，只報捷訊、不談敗績，無論對軍人還是百姓，目的都是提振士氣，穩定軍心。即便前線戰事不利，也不能直言不諱，因為唯有看到勝利的希望，軍隊才願意拚死一搏。〈九地篇〉的最後一段，孫武強調「**政舉之日，夷關折符，無通其使**」，這句話的核心，就是保密。**當作戰計畫確定後，必須立即封鎖消息，禁止使者來往。**因為保密，是戰爭勝利的關鍵保障。一支沒有祕密的軍隊，便無勝利的可能。

宗方小太郎是一名不為人知的日本間諜，卻成為甲午戰爭中北洋水師全軍覆沒的關鍵人物。他也是近代史上最典型的日本間諜。一八八四年，宗方小太郎潛入中國從事間諜工作，提供了日軍甲午戰爭前北洋水師的戰略意圖、出發時間、航行路線等關鍵情報。他喬裝打扮成中國人，探聽北洋水師動向，一一探查、記錄北洋水師的戰艦數量、詳細番號及執行的任務、修理軍艦、港口駐紮……等情況。如此，北洋水師在日本海軍面前如同透明人一般，全軍覆沒是必然的結局。

無論是在戰場、商場，還是科技領域，「保密」都是競爭力、創新力與生存力的根本，這也符合當今時代的混合戰爭形態，稍有閃失，便可能陷入危機。

商場如戰場

# 《孫子兵法》中的企業布局戰略

〈九地篇〉的開頭，孫武提出了九種「地勢」，如散地、輕地等，這些「地勢」側重於描述敵我雙方的相對關係，並最終聚焦於軍隊所處的戰略環境。試想中國長白山天池的火山口地形，中間是一片水泊，四周則是高聳的山峰。如果你置身水泊，而四周萬箭齊發，結果將不言而喻。因此，應對不同地形，需要靈活調整戰術。在商業競爭中，若〈地形篇〉探討的是企業的絕對位置，那麼本篇更側重於理解並善用企業在所處生態系中的相對位置——即企業在整體商業環境中所扮演的角色。

## STP分析：OPPO手機如何掠奪低價市場

STP分析是一種以市場區隔（Segmentation）、目標市場（Targeting）和產品定位

（Positioning）為基礎的策略模型。該模型幫助企業將市場畫分為更小的消費群體，並針對特定細分市場展開精準行銷，以提高市場開發效率並改善行銷資源配置。

**第一步，是市場區隔**（Segmentation），指根據特定標準將整體市場劃分為不同的子市場。主要劃分標準包括：

❶地理位置：依據國家、地區、城市、氣候等地理特徵，來劃分市場。
❷人口統計學特徵：依據年齡、性別、教育水準、職業等特徵來分類。
❸心理行為特徵：依據消費者的態度、興趣、價值觀等心理特徵進行區隔。
❹購買行為：依據購買頻率、購買量、購買動機等購買行為進行細分。

透過市場調查與分析，企業就能辨識出子市場的規模、成長潛力及競爭程度，進而確定最具吸引力的市場區塊。

**第二步：目標市場**（Targeting）

企業需要選擇與自身資源、能力及戰略方向最匹配的市場，以確保行銷活動的精準度。選擇目標市場時，可參考以下標準：

❶市場規模：目標市場規模需足夠大，以確保企業的盈利與增長。
❷增長趨勢：選擇具有良好成長潛力的市場，以利於企業的長期發展。
❸可觸及：確保能夠有效觸及目標市場的消費者。
❹可分辨：目標市場應與其他市場有明顯區隔，以確保行銷策略的精準度。

❺合適程度：目標市場的需求與行為應符合企業產品或服務的特性，以確保競爭優勢。

透過綜合評估，企業可選擇一個或多個最具吸引力的市場作為主要目標，並據此規畫產品或服務，以滿足市場需求。

**第三步：產品定位**（Positioning）

產品定位是指企業在目標市場中建立獨特品牌形象，以區隔競爭對手。產品定位策略包括：

❶產品特質定位：以產品特質為基礎進行定位，強調產品的獨特功能或技術優勢。

❷消費者定位：根據目標消費者的特徵和需求進行定位，強調產品能夠滿足目標消費者的需求。

❸競爭對手定位：與競爭者區隔，凸顯企業的獨特價值。

企業可透過品牌形象、定價策略、廣告投放等方式強化市場定位，並據此制定相應的行銷計畫。在STP分析的策略執行上，中國科技品牌OPPO的做法相當值得借鏡。

OPPO進入手機市場後，從A系列到Ulike系列，每款產品皆具備獨特賣點，展現出OPPO在技術上不斷創新與精進。其產品理念「Use Easy」強調以用戶體驗為核心，透過個性化設計提升操作便利性，讓手機的使用體驗更加直覺化、簡單化。

不同於許多品牌選擇在利潤較高的中高端市場競爭，OPPO反其道而行，鎖定低價市場，特別是二、三線城市的消費者，藉此奠定企業的生存與成長基礎。憑藉價格與設計上的優勢，OPPO快速打入市場，累積資源後逐步向大品牌挑戰。相對的，OPPO的銷售策略亦高度聚焦於線下通路，建立起強大的實體門市網絡。針對目標消費群，OPPO採取最適合他們受眾的廣告策略，例如：投放中國各大衛視黃金時段廣告、置入熱門綜藝節目，並透過明星代言擴大品牌影響力，藉由明星效應吸引潛在消費者。同時，OPPO也強調產品在音樂、攝影等方面的功能，以滿足使用者在精神層面的需求。

透過STP行銷戰略，企業得以更精準掌握消費者需求，建立獨特品牌形象，並在競爭激烈的市場中脫穎而出。

第十二章

# 火攻篇

## 火攻戰術的過去、現在與未來

以現代的視角來看，
火攻對應的是原子彈這類大規模殺傷性武器，
在商業領域則可類比為爆紅產品，或是顛覆式創新。
但在運用前，必須謹記：
精準打擊才能避免引火燒身。

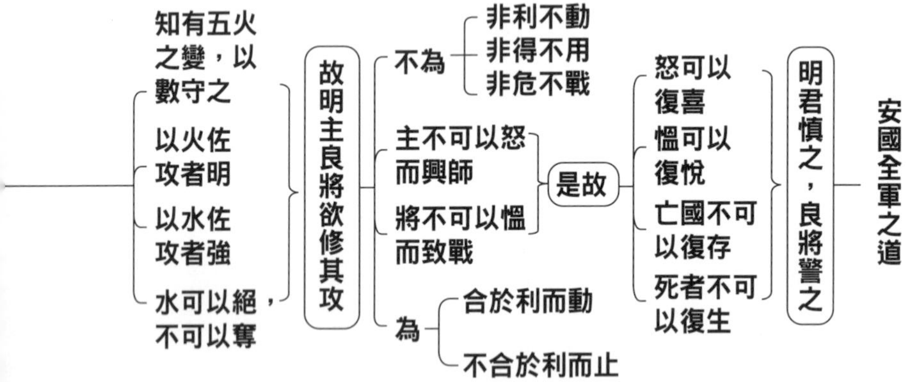

知有五火之變，以數守之
以火佐攻者明
以水佐攻者強
水可以絕，不可以奪
故明主良將欲修其攻
不為
非利不動
非得不用
非危不戰
主不可以怒而興師
將不可以慍而致戰
為
合於利而動
不合於利而止
是故
怒可以復喜
慍可以復悅
亡國不可以復存
死者不可以復生
明君慎之，良將警之
安國全軍之道

## 〈火攻篇〉兵法心智圖

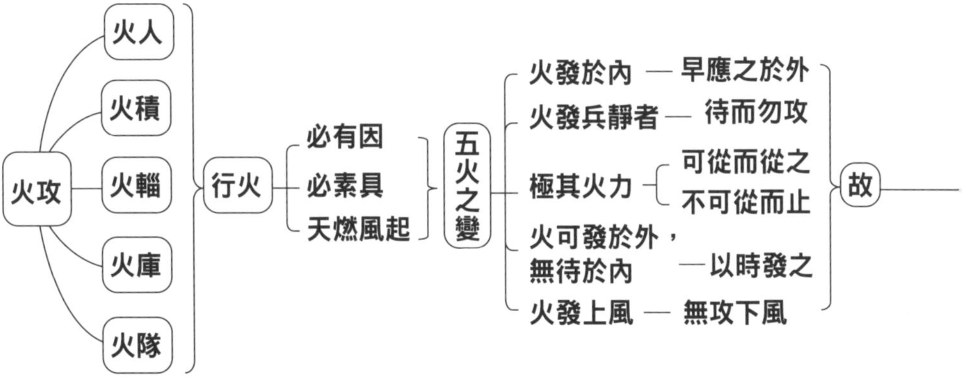
火攻
火人
火積
火輜
火庫
火隊
行火
必有因
必素具
天燃風起
五火之變
火發於內
早應之於外
火發兵靜者
待而勿攻
極其火力
可從而從之
不可從而止
火可發於外，
無待於內
以時發之
火發上風
無攻下風
故

## 〈火攻篇〉原文

孫子曰：凡火攻有五，一曰火人①，二曰火積②，三曰火輜，四曰火庫，五曰火隊。行火必有因，煙火必素具。發火有時，起火有日。時者，天之燥也；日者，月在箕、壁、翼、軫也。凡此四宿者，風起之日也。

凡火攻，必因五火之變而應之。火發於內，則早應之於外。火發兵靜者，待而勿攻；極其火力，可從而從之，不可從而止。火可發於外，無待於內，以時發之。火發上風，無攻下風。晝風久，夜風止。凡軍必知有五火之變，以數③守之。

故以火佐攻者明，以水佐攻者強。水可以絕，不可以奪。夫戰勝攻取，而不修其功者凶，命曰費留。故曰：明主慮之，良將修之。非利不動，非得不用，非危不戰。主不可以怒而興師，將不可以慍④而致戰；合於利而動，不合於利而止。怒可以復喜，慍可以復悅，亡國不可以復存，死者不可以復生。故明君慎之，良將警之，此安國全軍之道也。

## 注釋

① 火人：此處「火」為動詞，放火。這裡指焚燒敵人的軍馬營寨。
② 積：積蓄，這裡指軍需物資。
③ 數：規律、法則。

④慍：心躁、不冷靜。

## 譯文

孫武說，火攻的形式有五種：一是焚燒敵軍的軍馬與營寨；二是燒毀敵軍囤積的物資和糧草；三是燒毀敵軍的輜重；四是焚燒敵軍的倉庫；五是破壞敵軍的運輸補給線。然而，火攻必須具備適當的客觀條件，並確保所需的器械隨時準備就緒。此外，發動火攻還需講求天時。最佳的時機就是氣候乾燥之時，且選擇月亮運行至箕、壁、翼、軫四星宿的位置，因為這時通常伴隨強風，利於火勢蔓延。

一旦發動火攻，必須靈活應對可能產生的五種不同情況，並適時調配兵力策應。若在敵營內部縱火，應及早派兵在外部接應；若火勢已起，而敵營內部還保持鎮靜，則須謹慎應對，先觀察形式，切勿急於進攻，待火勢猛烈時再視情況決定行動，若有勝算則進攻，否則應暫停行動；若火攻源自外部，則無須等待內應，只需把握時機果斷出擊；若選擇在上風處放火，切勿在下風處發動進攻；白天若持續颳風，夜間風勢則可能會減弱。作戰時，應熟知五種火攻方式及其變化，並選擇容易起風之時發動火攻，以提高戰術效果。

火攻能有效輔助軍事進攻，而水攻則可增強攻勢。水雖能隔斷敵軍，但無法奪取敵方軍需，亦難以確保最後的勝利。戰勝敵軍、攻下城池後，若無法穩固戰果（包括適時賞賜士兵），就容易留下禍患，便是所謂的「費留」，意指徒勞無功。因此，賢明的國君必須慎重考慮此問題，優秀的將領亦應妥善應對。未獲實質利益不應輕舉妄動，未有勝算不應輕啟戰端，非身處險境亦不宜貿然開戰。國君不可因一時憤怒而興兵，將領亦不可因焦躁而倉卒交戰。凡事應以國家利益為依歸，對國家有利則行動，無利則停止。憤怒與怨氣終能平息，但一個國家若滅亡，便無法再重建；一個將士若戰死，亦無法復生。因此，賢明的國君應對戰爭保持謹慎，而優秀的將領亦須時刻警惕，這正是國家安定與軍隊保全的關鍵。

注：火攻之所以稱為「火攻」，關鍵不僅在於「火」，更在於「攻」。火只是軍隊進攻的輔助手段，即使在二十世紀前中期的熱兵器時代，依舊強調「炮兵轟擊後，步兵發起衝鋒」，孫武所提出的五種施行火攻的方式正體現了這一點——若在敵營內部縱火，則應迅速在外部策應；若敵軍在火起後仍保持鎮靜，則應謹慎判斷，確認是否燒錯空營，待掌握實情後再決定進攻時機，以免落入敵軍伏擊；若於敵軍外圍發動火攻，則無須等待，應立即把握戰機、發動進攻；若選擇在上風處放火，則不得在下風處進攻，以免自焚；此外，「晝風久，夜風止」的規律值得注意——若白天颳風許久，夜間風勢多半會減弱，反之亦然。尤其在氣候溫和的地區，如中國中原，風向與天候交替變化極為常見。南北朝時，梁朝大將王琳率軍東進攻陳，而陳軍將領侯瑱則

率軍迎戰。起初夜間東北風大作，導致梁軍戰船被吹翻，遂暫時撤退休整。翌日白天，西南風驟起，原本對梁軍有利，王琳遂欲趁勢發動進攻。然而，侯瑱察覺戰機，悄然派軍跟隨梁軍，待雙方正式交戰時，風勢驟變，梁軍突然陷入逆風，投擲的燃燒物反被風吹回己方戰船，導致自身慘敗，充分印證了火攻運用時對風勢與時機的精準把控至關重要。

現代戰爭應用

# 烈火戰術：古今火攻的致命升級

火，是物體燃燒時所發出的光和焰。火，徹底改變了人類命運。

根據考古發現，中國、肯亞、南非等地皆有距今約一五〇萬年前的用火遺跡。雖然人類學會取火的準確時間已無法考證，但可以確定的是，人類文明的發展史，正是一部不斷探索與利用火的演變史。同樣，人類戰爭史也與火息息相關。從遠古時期利用火與自然力量來擊敗敵人，到火器的發明，再到現代熱兵器的發展，火攻始終在戰爭中占據重要地位。

〈火攻篇〉雖專論火攻戰術，卻並未過分推崇此法。相反，孫武強調火攻須配合自然條件與戰場環境。「**發火有時，起火有日**」，三國時代，火攻屢見不鮮，其中赤壁之戰與火燒連營尤為經典，並成為當時決定天下格局的關鍵戰役。在火器尚未出現之前，火攻是戰場上極具殺傷力的戰法。古人利用柴草、油脂作為燃料，透過弓箭、戰船，甚至動物或人為載具，引燃敵軍陣地，其威力堪比現代戰爭中的核武器。然而，古代火攻手段相對單一，無法與現代軍事科技相比。

那麼，在飛機大炮、裝甲戰車與航母艦隊主導的現代戰爭中，火攻是否已經過時？答案是否定的。火攻仍具有獨特價值，並在現代軍事手段的輔助下發揮更大作用。以一九四五年三月九日的東京大空襲為例，三百三十四架B-29轟炸機投下兩千餘噸燃燒彈，瞬間將大片木建築化為火海。大火與冷空氣交互作用形成強烈對流，最終引發毀滅性的火焰龍捲風。當時的文獻記載，即使民眾跳入河中避難，也因高溫將河水煮沸而無法倖免。類似的戰術在現代戰爭中依然可見，例如，二〇二四年二月烏克蘭用無人機襲擊俄羅斯伏爾加格勒煉油廠，目標切斷俄軍油料供應並削弱其財政收入。煉油廠因易燃易爆的特性，成為現代戰爭中「火攻」的理想目標。

東京大空襲被譽為戰爭史上單次損失最慘重的轟炸行動，甚至超過廣島、長崎原子彈轟炸的總和。這場由美軍指揮官柯蒂斯．李梅（Curtis Emerson LeMay）所策畫的行動，摧毀東京約四分之一的市區，焚毀二十六萬幢建築，造成八萬人死亡，百萬人流離失所。無論在過去或現在，火攻在戰爭中被頻繁運用，皆有其深厚原因。事實上，在東京大空襲之前，美軍曾多次派出轟炸機襲擊東京、名古屋等主要城市的重要目標和軍事設施，但效果均不理想。於是李梅改變攻擊策略，針對東京木質建築多、軍工生產分散的特點，改用燃燒彈攻擊，最終達成毀滅性戰果。雖然戰後關於燃燒彈的使用產生道德爭議，但由於日本也曾對中國發動重慶大轟炸與成都大轟炸，美國並未因此產生道歉的壓力。

二〇二三年八月七日，廣島原子彈事件屆滿七十八周年，日本時任首相岸田文雄出席悼念活動，卻隻字未提美國是轟炸者。此舉顯示，在日本政治論述中，道德審判的標準取決於國力強弱，而非是非對錯。除了燃燒彈，現代戰場上還有火焰噴射器、汽油彈、溫壓彈等多種火攻武器。這些武器的共同特點是利用燃燒產生高溫與殺傷力。與傳統爆破或穿甲武器相比，火攻更具特殊性。

火與水一樣，會流動，會蔓延，這一特性使得堡壘、地下室、山洞、隧道等看似十分堅固的目標變得脆弱。這類目標或許能抵擋炮彈與導彈攻擊，卻無法抵擋火焰的侵襲。火焰噴射器與凝固汽油彈可讓火焰滲透內部，即使敵人藏身於地堡，也難逃高溫灼燒與缺氧窒息。此外，燃燒產生的有毒氣體也會造成額外殺傷，且不違反任何國際條約。全球矚目的俄烏戰爭中，俄軍亦積極運用現代版火攻戰術。二〇二三年八月，俄軍在哈爾科夫發起反攻，為削弱烏軍作戰能力，發射約八十枚溫壓彈。烏軍雖能防禦傳統炮火，卻無法抵擋溫壓彈的強烈爆轟，大量士兵瞬間喪命。溫壓彈是現代火攻的極端形式，威力強大，殺傷力甚至堪比小型核武器。其運作原理類似空爆燃燒彈，瞬間釋放高溫高壓，並在萬分之二秒內耗盡周圍氧氣，使敵軍窒息而死。同時，強大衝擊波可摧毀隱蔽於建築內部的敵軍，卻不破壞建築物本身。溫壓彈可製成炸彈、榴彈、火箭彈或飛彈彈頭，因其高效且成本相對合理，被各國廣泛採用，甚至被稱為「亞核武器」。

從一九九〇年代起，美國在波斯灣戰爭、科索沃戰爭、阿富汗戰爭、伊拉克戰爭等衝突中，均使用了溫壓彈這類武器。俄羅斯亦在敘利亞反恐作戰中，使用了可攜式單兵溫壓火箭發射器和溫壓火箭炮系統。由此可見，火攻戰術歷久不衰，仍是現代戰爭的重要手段。可以確定的是，未來戰場上，火攻戰術仍將發揮關鍵作用。只是，與孫武時代的柴草燃燒不同，今日火攻已進化為高科技武器，持續在戰場上展現其毀滅性力量。

## 大雪改變一切，「齊柏林飛船」任務失敗

孫武在〈火攻篇〉中特別強調了使用火攻時須考慮天氣因素：「**時者，天之燥也；日者，月在箕、壁、翼、軫也。凡此四宿者，風起之日也。**」簡而言之，發動火攻必須選擇乾燥且有風的天氣。然而，在現代戰爭中，即使科技高度發達，武器裝備依然受制於天候條件，戰爭中的「人算不如天算」依舊存在。第一次世界大戰期間，利用飛船進行偵察和攻擊是德軍意圖打破戰爭僵局的殺手鐧。德國研製的「齊柏林飛船」，

是當時世界上最大的人造飛行器，遠超當時的飛機，因此被德軍用來攜帶高爆炸彈與燃燒彈轟炸彼得格勒。

然而，一場大雪改變了一切。

飛船頂部積雪形成厚重冰殼，導致負重過大，飛行高度降低，進入敵方防空武器的射程範圍，被迫返航。其中一艘飛船更是在返航途中墜毀。這場原本企圖將彼得格勒化為火海的轟炸計畫，就如同融化的雪花般消失在歷史的洪流之中。無論何時，氣象條件、軍事任務以及武器裝備之間的關係都非常重要。民用飛機也好，軍用飛機也罷，飛行器受天氣的影響已是盡人皆知的常識。值得注意的是，天氣對飛行器的影響並不僅限於安全方面，還影響著飛行員選擇飛行高度、轟炸時機、發射導彈時機等實際作戰面。

此外，氣溫對武器裝備的性能影響極大。氣溫過低時，飛機、火炮、裝甲車輛可能難以啟動，也會導致橡膠輪胎變脆，電子元件靈敏度下降；氣溫過高時，則會造成武器裝備散熱困難，雷達老化加速，火炮壽命縮短，甚至影響武器瞄準精準度。

除了氣溫，氣壓也是一項不可忽視的氣候因素。空氣密度與氣壓成正比，氣壓越高，空氣密度越大，空氣阻力就會增加，反之亦然。因此在高海拔或平地發射炮彈、導彈，都必須考慮氣壓的影響，盡可能消除氣壓對打擊精準度的影響。

儘管科技日新月異，各國軍隊仍然無法擺脫「出門看天」的限制。是否有辦法消除惡劣天氣對武器裝備的影響？這就需要從武器裝備的設計環節著手。如今，所有的武器裝備——小至槍械，大至飛機——在定型前都須經過高溫、高寒、揚沙等極端氣候的考驗，因此氣候試驗室應運而生。氣候試驗室能根據武器裝備試驗需求快速精準「變天」，除了常規天氣之外，一些國家的氣候試驗室還可以模擬出鹽霧、油霧、雷擊等多種特殊氣象，讓風雨雷電皆可受控於實驗環境。然而，再先進的試驗室也無法完全模擬戰場的複雜條件，實戰仍然是檢驗武器裝備性能的唯一標準。

## 氣象武器：改變氣象，就能改變戰爭結局

由於氣象條件對戰爭局勢的影響仍然巨大，一些國家開始利用天氣作為戰略工具。最簡單直接的方法，是用催雨彈來人工降雨，藉此短暫遲滯敵軍的部隊機動與物資運輸的效率，這種手段相對溫和。真正的氣象武器則能夠改變大氣、海洋、地表環境等，引起或加劇自然災害，如洪水、地震、乾旱、風暴、海嘯等，以達到對地方戰略設施施加毀滅性打擊的目的。與傳統武器相比，氣象武器的破壞力更具毀滅性、波及範圍更廣，還可能在多個領域引發連鎖反應。常見的氣象武器包括雲霧武器、雷電武器等。

然而，氣象武器巨大的破壞力背後，隱藏著人類難以控制的自然力量。自然環境錯綜複雜，利用氣象武器的後果很可能會引起災難性的連鎖反應，例如洪水氾濫成災，或導致大規模乾旱，使土地無法再生孕育生命。

在越南戰爭中，美軍除了投放橙劑摧毀植被外，還投放了數百萬枚「催雨彈」，導致越南雨季異常延長，引發頻繁的洪澇災害，意圖重創北越軍隊。然而結果卻適得其反，過量降雨造成大量平民房屋被淹沒，數萬人流離失所。

面對敵方飛彈，可藉由反制系統攔截，但面對氣象武器，卻幾乎防不勝防。因此，一九七七年五月，聯合國大會通過《禁止為軍事或任何其他敵對目的使用改變環境的技術公約》（*ENMOD*），明確禁止在軍事行動中使用氣象武器。至今，已有超過一百個國家簽署該公約，以確保氣象武器不再對全人類安全構成威脅。然而，若缺乏有效的監督機制，條約的約束力將大打折扣。例如，美國先後退出《反彈道飛彈條約》、《中程導彈條約》等國際協議，並積極研發氣象武器與地質武器，目的無非是為了利用各種手段擊敗對手。與古代火攻戰術相比，氣象武器的破壞力強大許多倍。然而，戰爭永遠不是理想的選擇。因此，孫武在闡述火攻戰術後，特別告誡：「**怒可以復喜，慍可以復悅；亡國不可以復存，死者不可以復生。**」

面對以美國為首的北約國家持續東擴，普丁終於忍無可忍，於二〇二二年二月二十四日發動了特別軍事行動，目標看似是針對烏克蘭，實則是俄羅斯與美國之間的角力，畢竟俄烏戰爭的本質是美俄之間的混合戰爭。在普丁看來，既然已忍無可忍，那麼也就無須再忍。然而，一名真正的統帥即便在憤怒之中，仍須保持冷靜、審時度勢，確保決策有利於國家與民族的長遠利益。

商場如戰場

# 美國貝爾實驗室：從電晶體到太陽能，如「火攻」一般的顛覆式創新

在冷兵器時代，火與水等特殊手段都是戰爭中的重要武器，在〈火攻篇〉中，孫武以火攻為例，分析了非常規手段在戰爭中的使用情況。這一章篇幅較短，內容也不難理解。

火攻僅是戰爭的一種輔助手段，並不能取代士兵的作用，因此，孫武強調，若戰勝敵人卻未獲實質利益，那麼這場戰爭便毫無意義。本篇未將水攻作為核心，原因在於水攻成本遠高於火攻，且往往涉及大規模工程，耗費大量人力、物資與錢糧，即使取得勝利，結果也可能得不償失。

從現代的視角來看，火攻可以類比為原子彈這類大規模殺傷性武器；在商業領域，則可類比為爆紅產品、暢銷產品，甚至是顛覆式創新。在顛覆性創新上，貝爾實驗室（Bell Labs）可謂是代表之一。

貝爾實驗室歷史悠久而輝煌，是科技領域的瑰寶，誕生於一九二五年，早期致力於探索電信技術，包括：電話交換機、電話電纜、半導體等領域的研究和開發。貝爾實驗室猶如科技奇蹟的搖籃，孕育了許多突破時代的發明。其成就不勝枚舉，包括：電晶體、太陽能電池、電荷耦合元件。電晶體的發明徹底改變了電子設備的製造方式，開啟了電腦科學和電子技術的新紀元。太陽能電池則改變了能源的獲取方式，成為潔淨能源的重要支柱。電荷耦合元件則推動了攝影技術的進步。這些發明不僅影響了科學技術，也改變了我們的日常生活。

此外，貝爾實驗室的科學家們還開創了電波天文學的先河，為探索宇宙奧祕提供了重要線索。他們在資訊理論、Unix1系統（一九七〇年代初開發的作業系統）和多種程式設計語言方面有突破性的貢獻。這些研究成果不僅在學術領域有所突破，更為現代科技的發展奠定了基礎。

貝爾實驗室的創新並非僅止於理論研究，更對商業世界產生了深遠影響。其研發成果促進了通訊行業和電子技術的發展，例如：電晶體的發明推動了電子設備的迅速普及，改變了人類的生活和工作方式；太陽能電池在能源領域掀起了一場革命，為可再生能源的應用開啟新局面；C語言、C++語言和S語言的發明，成為軟體發展的基礎，推動了資訊技術的繁榮和網路崛起。

貝爾實驗室不僅是一座科學研究機構，更是科技創新的殿堂。它的成就不僅影響了學術領域，也深刻改變了世界，影響力堪比商業領域的「原子彈」。

儘管〈火攻篇〉的篇幅不長，但孫武其實是以火攻為代表，分析了古代視角下非常規大規模殺傷性戰術對戰爭的影響，除了講解火攻的細節以外，更強調了前文中反覆提及的慎戰思想：戰爭是手段，而非目的。

第十三章

# 用間篇。

## 全球四大情報機構如何改變戰爭？

情報戰決定戰爭勝負，影響國家安全與全球政治格局。
歷史上，蘇聯透過間諜迅速掌握核武技術，
美國中情局、英國軍情六處與以色列摩薩德各有戰功，
其中摩薩德更以奇招屢創傳奇！

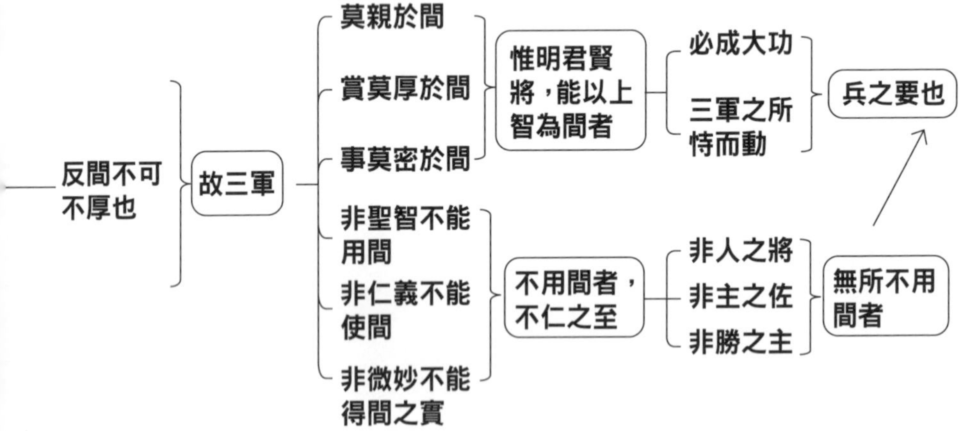
反間不可不厚也
故三軍
莫親於間
賞莫厚於間
事莫密於間
惟明君賢將，能以上智為間者
必成大功
三軍之所恃而動
兵之要也
非聖智不能用間
非仁義不能使間
非微妙不能得間之實
不用間者，不仁之至
非人之將
非主之佐
非勝之主
無所不用間者

# 〈用間篇〉兵法心智圖

- 用間
  - 先知
    - 知敵之情，必取於人
      - 因間 — 因其鄉人而用之
      - 內間 — 因其官人而用之
      - 反間 — 因其敵間而用之 — 但以反間為第一（因利誘之，以知敵情）
      - 死間 — 為誑事於外，令吾間知之，而傳於敵間也
      - 生間 — 反報也

## 〈用間篇〉原文

孫子曰：凡興師十萬，出征千里，百姓之費，公家之奉，日費千金；內外騷動，怠於道路，不得操事者，七十萬家。相守數年，以爭一日之勝，而愛爵祿百金，不知敵之情者，不仁之至也，非人之將也，非主之佐也，非勝之主也。故明君賢將，所以動而勝人，成功出於眾者，先知也。先知者，不可取於鬼神，不可象①於事，不可驗於度，必取於人，知敵之情者也。

故用間有五：有因間，有內間，有反間，有死間，有生間。五間俱起，莫知其道，是謂神紀②，人君之寶也。因間者，因其鄉人而用之。內間者，因其官人而用之。反間者，因其敵間而用之。死間者，為誑事於外，令吾間知之，而傳於敵間也。生間者，反③報也。

故三軍之事，莫親於間，賞莫厚於間，事莫密於間。非聖智不能用間，非仁義不能使間，非微妙不能得間之實。微哉！微哉！無所不用間也。間事未發，而先聞者，間與所告者皆死。

凡軍之所欲擊，城之所欲攻，人之所欲殺，必先知其守將、左右、謁者、門者、舍人之姓名，令吾間必索④知之。必索敵人之間來間我者，因而利之，導而舍之，故反間可得而用也。因是而知之，故鄉間、內間可得而使也；因是而知之，故死間為誑事

[5]，可使告敵。因是而知之，故生間可使如期。五間之事，主必知之，知之必在於反間，故反間不可不厚也。

昔殷之興也，伊摯在夏；周之興也，呂牙在殷。故惟明君賢將，能以上智為間者，必成大功。此兵之要，三軍之所恃而動也。

## 注釋

①象：類比。

②神紀：神妙的辦法。

③反：通「返」，返回。

④索：搜索。

⑤誑事：虛假的情報。

## 譯文

孫武說，一支十萬大軍出征，千里征戰，前線與後方便會牽動整個國家，每日的消耗難以計數。百姓或隨軍征戰，或負責後勤運輸，長期奔波於道路上，以致無法從事正常生產的家庭多達七十萬戶。與敵人對峙數年，只為爭取一朝勝利，若因吝惜官位、俸祿、金錢等而不願重用間諜，導致對敵情一無所知，最終戰敗，那才是真正的不仁之舉。這樣的將領，不僅無法成為軍隊的良將與輔佐，更不可能主宰戰爭的勝利。正因如此，賢明的國君與優秀的將領之所以能夠使軍隊一出動便克敵制勝、成就功業、卓然超群，關鍵就在於事先掌握敵情。而要獲得敵方情報，既不能寄望於鬼神，也無法僅憑過去的經驗類推，更不能依賴星象占卜。唯一的辦法，就是從掌握敵方內情的人口中獲得情報。

間諜的運用方式分為五種：因間、內間、反間、死間和生間。若能靈活運用這五種間諜，敵方便難以分辨情報的真偽，這正是用間諜的奧妙所在，也是國君克敵制勝的法寶。「因間」是利用敵方的地方百姓作為間諜；「內間」是策反敵方官吏，讓其為己方效力；「反間」是收買敵方間諜，反向為我方提供情報；「死間」是故意散播假情報，由我方間諜將情報傳遞給敵軍；「生間」則是能帶回敵情的我方間諜。

因此，在軍隊中，沒有比間諜更需要親近的對象，沒有比間諜更應獎勵豐厚的職位，也沒有比間諜的工作更機密的事務。不睿智聰明的人無法靈活運用間諜，不夠仁慈慷慨的人無法厚待間諜，不夠精明善斷的人無法分辨出情報的真假。微妙之處在於，幾乎沒有任何戰爭能不依賴間諜。若間諜工作還未展開，情報就先外洩，那麼間諜和獲知祕密的人都必須處死。

凡是要進攻敵軍、攻打敵方城池、擊殺地方官吏，我方間諜必須全數掌握其守城的將領、將領左右的親信、負責傳達通報的官員、守門的小吏以及門客幕僚等的姓名與職責。我方要仔細搜索出敵方的間諜，收買並策反他們，讓他們為我方效力，再放回敵營。如此一來，不僅可以掌握敵方動態，還能靈活運用「因間」、「內間」，甚至透過「死間」向敵方散布假情報，最終讓「生間」按計畫帶回敵情。這五種間諜的運用之道，國君必須親自掌握。而情報的成功與否，關鍵更在於「反間」，因此務必要厚待「反間」。

商朝之所以能崛起，是因為伊摯曾效力於夏朝，熟知夏朝內情；周朝能夠取代商朝，則是因為姜尚曾在商朝任職，掌握了商朝的機密。由此可見，唯有讓具備高超智慧的人擔任間諜，賢明的國君與優秀的將領才能成就大業。這正是用兵的核心要領——整個軍隊的軍事行動，皆仰賴間諜系統的運行與情報掌握。

現代戰爭應用

# 有效運用間諜，成為戰爭中的「先知」

「我清楚間諜是怎樣的人。」

俄羅斯總統普丁在某次採訪中如此定義間諜：「他們是一群擁有獨特特質、堅定信念和特殊性格的人……他們遠離故土，長年身處異鄉，將自己的一生獻給祖國。」一九八〇年代末，普丁曾作為間諜派駐東德，領導一個由八名蘇聯國家安全委員會（KGB）特工組成的情報小組，負責「招募間諜、蒐集資訊、分析整理，然後回報中央」。

普丁以「過來人」的身分詮釋間諜的另一面，他所描述的內容與我們印象中的間諜似乎有所不同。在多數人的想像裡，間諜過著刀尖舔血、隨時身陷險境的生活，他們的工作充斥著欺騙、背叛，甚至死亡。然而，現實中的間諜並非個個都是影視作品中身懷絕技、無所不能的超級特工。從本質上來說，他們是一群放棄原有生活、割捨親人與愛人，背負使命的有血有肉之人。

「**故明君賢將，所以動而勝人，成功出於眾者，先知也。**」軍隊克敵制勝的關鍵之一就在於事先了解敵情，「先知」二字凸顯出間諜在戰爭中的不可取代性。〈用間篇〉的核心正是圍繞間諜展開。而在走進孫武筆下間諜的世界之前，我們必須先釐清「先知者」的真正意涵。

「**先知者，不可取於鬼神，不可象於事，不可驗於度，必取於人，知敵之情者也。**」孫武明確指出，情報的獲取不能依賴鬼神庇佑、星象占卜或過往經驗的推測，而必須來自掌握敵方情報之人。他站在戰略高度，總結「用間」的核心經驗與方法論。簡而言之，所謂的「先知者」，若放到現代，其角色更接近情報機構的首腦、國家或軍隊的決策者。一旦明確了「先知者」的定位，就能理解〈用間篇〉絕非闡釋如何成為優秀的間諜，而是如何有效運用間諜。

## 全球四大情報機構：沒有情報，哪來勝仗？

「**故用間有五：有因間，有內間，有反間，有死間，有生間**」。在這五種間諜運用方式中，「因間」可說是最為人所熟知的一類。古代會利用敵方的鄉人作為間諜，到了現代，情報組織則多半策反留學生。這些組織通常透過網路聊天工具、校園論壇、招聘網站等管道，以招聘或兼職為名，利用金錢引誘涉世未深的留學生參與情報蒐集、分析和傳遞。如今，情報組織的黑手不僅伸向留學生，連一般大學生也成為目標。他們事先鎖定目標，以高薪回報作為誘餌，吸引一部分學生落入出賣情報的深淵。「因間」的案例屢見不鮮，「諜戰」早已潛伏在我們身邊，只不過以更隱匿的方式存在。天下沒有白吃的午餐，當美色與金錢接近你時，你該思考，他們真正看上的，到底是什麼？

「**內間者，因其官人而用之。**」「內間」指的是策反敵方的官吏，使其成為間諜。在現代，這類「官人」的範圍早已不再局限於政府官員，還包括掌握國家核心機構的關鍵人物。試想，若敵國間諜潛伏在軍工企業、國防科學研究單位，後果將會多麼可怕？

一九四五年八月，原子彈「小男孩」和「胖子」相繼在日本廣島與長崎引爆，升起的蘑菇雲宣告了二戰的終結，日本宣告戰敗投降。在原子彈投入戰場之前，許多人根本無法相信它真的能被製造出來，直到親眼見證這股毀滅性的威力，世界各國才不約而同地感受到前所未有的恐懼。

原子彈為美國贏得了前所未有的國際地位，然而這份喜悅並未維持太久。一九四九年八月，蘇聯成功進行核試爆，成為繼美國之後第二個掌握核武器的國家。這意味著，在軍事上有絕對優勢的美國，瞬間被拉回了勢均力敵的對峙局面。

蘇聯怎麼可能在短短四年內掌握原子彈技術？難道他們也有自己的「曼哈頓計畫」和多位「愛因斯坦」？事實上，蘇聯之所以能在核技術上取得突破，正是來自蘇聯國家安全委員會的悄然努力。

在蘇聯為數眾多的情報人員名單上，有一個名字格外引人注目——克勞斯・富赫斯（Klaus Emil Julius Fuchs）。富赫斯出生於德國，在納粹執政時期逃往英國，並參與原子彈計畫。正是在英國期間，他被蘇聯國家安全委員會吸收，開始為蘇聯提供情報。一九四三年，富赫斯來到美國，成為「曼哈頓計畫」中的重要成員。在此期間，他向蘇聯提供了大量有關原子彈製造的詳細資料，包括製造氫彈的理論計畫等。這些情報使蘇聯得以在極短時間內獲得與美國抗衡的重要技術資本。

蘇聯國家安全委員會、美國中央情報局（CIA）、英國軍情六處（MI6）和以色列摩薩德並稱「全球四大情報機構」，各自風格迥異，各有千秋。其中，蘇聯國家安全委員會更是與蘇聯的命運緊密相連。冷戰時期，它迎來了輝煌的黃金年代；然而，隨著蘇聯解體，這個曾創造無數傳奇的神祕組織，最終成為歷史的一部分。

美國中央情報局，簡稱「中情局」，憑藉美國經濟與軍事實力穩居世界第一，代表美國執行「全球戰略的鷹之力量」，橫行全球。長期以來，中情局在世界各地祕密發動「和平演變」和「顏色革命」，並透過網路竊取各國重要情報及敏感資料等，甚至讓使用美國網際網路設備和軟體的使用者，無意間成為中情局的「傀儡特工」。

英國軍情六處，全名為「祕密情報局六處」，是四大情報機構中歷史最悠久的。二戰期間，它發揮了舉足輕重的作用，為戰勝法西斯軸心國做出了不可忽視的貢獻。不過，軍情六處並非自誕生便輝煌無比，而是直到第三任處長孟席斯（Sir Stewart Graham Menzies）上任後，才扭轉頹勢，成功破譯了德軍「恩尼格碼」（Enigma）密碼，迎來輝煌時刻。有趣的是，曾經叱吒風雲的軍情六處與蘇聯國家安全委員會的淵源極深，然而這種淵源多半來自「滲透」。英國的政治諷刺喜劇《部長大人》（Yes Minister）當中，有一句經典臺詞：「除了外交部，還有誰知道我們的祕密呢？只有俄羅斯。」這雖然是一句幽默的調侃，卻也從側面揭示了各國情報機構之間無處不在的角力。畢竟，「**能以上智為間者，必成大功**」——能夠運用頂尖智慧的人去從事間諜活動，往往成就非凡。

在四大情報機構中，以色列情報機構「摩薩德」（Mossad）不僅是最年輕的，也是手段最不按牌理出牌的，甚至常被批評為「不講武德」。這種窮盡一切手段的作風背後，與以色列軍隊拚死一戰的決心有著相同的根源——強敵環伺、無路可退的國際處境。為了生存，以色列與摩薩德都讓敵人聞之色變。

摩薩德可說是美國中情局的「嫡傳弟子」，然而在實戰中經年累月地鍛鍊後，它某些方面甚至「青出於藍而勝於藍」。

一九五六年，蘇聯共產黨第二十次代表大會的最後一天，赫魯雪夫發表了一篇高度機密的報告《反對個人崇拜及其後果》，全面否定史達林，試圖消除個人崇拜的影響。這份報告一旦外洩，勢必會掀起政治風暴，不僅會在社會主義陣營中引發廣泛質疑，還可能導致嚴重的社會動盪，威脅政權的穩定。因此，蘇聯將其列為最高機密，嚴密封鎖。

然而，沒過多久，美國《紐約時報》竟然一字不漏地刊載了這篇長達兩萬六千字的機密報告。蘇聯竭盡全力保護的機密，轉眼就出現在美國的大街小巷，報紙甚至加印數十次，在東歐陣營掀起巨大的衝擊。這究竟是誰的傑作？

是美國中情局嗎？有一部分是。事實上，中情局確實使出渾身解數，輾轉從波蘭獲得了一份報告影本，然而內容卻多處刪節，關鍵部分全數缺失。那麼，《紐約時報》刊登的完整報告究竟來自何處？答案是——摩薩德。

摩薩德特工透過一名猶太裔波蘭共產黨員，成功獲得這份完整報告，再利用外交郵袋將全文送回以色列。剛剛成立不久的摩薩德一戰成名，憑藉這份「處女作」震驚世界。

摩薩德的傳奇不止於此，在與阿拉伯國家的歷次明爭暗鬥中，它始終發揮著舉足輕重的作用。

一九六〇年代，蘇聯為擴大在阿拉伯世界的影響，向埃及、敘利亞、伊拉克等國出售當時最新型的「米格-21」戰機，這讓極度重視制空權的以色列如鯁在喉。以色列手中只有一張「米格-21」戰機照片，為了保持絕對的空中優勢，決定設法弄一架真實飛機來研究。只要得到這架戰機的相關資料，以色列就有了獲勝的關鍵鑰匙。然而，弄來一架「米格-21」戰機是多麼天方夜譚的決定！

為了達成目標，摩薩德首先以美人計引誘伊拉克飛行員雷德法（Munir Redfa）前往以色列；第二步，以色列空軍司令說服雷德法叛逃，並協助其家人安全離境；第三步，雷德法回到伊拉克駕駛「米格-21」正常升空，達到預定高度後，突然調轉機頭直奔以色列。在美軍F-4戰機的護送下，降落在以色列內蓋夫沙漠空軍基地。直到此刻，伊拉克當局仍未發現飛行員已駕駛「米格-21」叛逃。以色列先前如天方夜譚般的決定，成為了現實。

一年後的夏天，第三次中東戰爭——「六日戰爭」爆發。早已洞悉敵軍裝備與戰術的以色列，在戰場上占盡優勢，敘利亞、約旦、伊拉克、埃及等國損失慘重。這場戰爭的結果，幾乎在雷德法駕機叛逃的那一刻就已注定。

摩薩德前腳緊鑼密鼓地偷戰機，後腳就在密謀如何瞞天過海地偷戰艦。一九六九年，法國戴高樂政府迫於阿拉伯聯盟的壓力，宣布停止向以色列交付其訂購的「薩爾-3型」（Sa'ar 3-class）飛彈快艇，並支付了違約金。以色列決定，既然買不到，那就直接偷回來。

摩薩德先是在巴拿馬註冊了一家空殼公司，與法國洽談飛彈快艇的商業交易，並用法國支付的違約金作為訂金。隨後，在一九六九年的聖誕夜，以色列海軍和摩薩德特工趁著法國人沉浸在節慶氣氛時，潛入碼頭，悄悄駕駛著五艘遭法國扣押的飛彈快艇溜出港口，夜幕掩護下，駛向以色列港口城市海法（Haifa）。

等法國人驚覺飛彈快艇消失時，為時已晚。

「不擇手段」、「不講武德」，是摩薩德給留給世人的印象。摩薩德的行事作風如此肆無忌憚，與以色列的處境密切相關——四周敵國環伺、隨時面對著國家滅亡的威脅。在這條隱祕戰線上，注定會有無數不為人知的犧牲與罪孽。

## 間諜鞋底藏玄機？蘇聯奇葩情報術大曝光！

「**反間者，因其敵間而用之**」，意思策反敵方的間諜，使其為我方效力，也就是我們常說的雙面間諜。「**五間之事，主必知之，知之必在於反間，故反間不可不厚也**」，在因間、內間、反間、死間、生間五種間諜中，孫武認為反間最為關鍵，最重要的情報必然來自反間。在古巴飛彈危機中，反間就扮演了至關重要的角色。

潘科夫斯基（Oleg Penkovsky）是蘇聯的情報官員，也是著名的雙面間諜。他在古巴導彈危機期間向美國提供情報，在一定程度上改變了世界。潘科夫斯基總共送出五千多份蘇聯的最高軍事機密（包括：蘇聯核武器的真實數量、遠程飛彈的性能等）給西方，分文未取。這些關鍵情報對時任美國總統甘迺迪產生了巨大的影響。甘迺迪確信蘇聯的核武器不如外界想像得那般強大，因此堅定地強迫蘇聯從古巴撤出導彈，使核戰爭的陰雲得以消散。如今，我們無法推測如果潘科夫斯基沒有向美國提供蘇聯的關鍵軍事情報的話，古巴飛彈危機的結局會如何，畢竟歷史無法重演。

無論古今，戰爭都是你死我活的生死較量。缺乏情報，就如同在八角籠中搏鬥卻被蒙住雙眼。史達林曾說：「為了贏得一場戰爭，可能需要多個軍種的力量，但要破壞勝利，敵軍只需要幾位能竊取作戰計畫的人。」這句話道破了間諜、情報與戰爭勝負之間的微妙關係。

**「微哉！微哉！無所不用間也。」**

在孫武劃分的五類間諜中，最慘烈的莫過於死間。「**故死間為誑事，可使告敵**」，死間負責傳遞虛假情報，一旦被敵人發現情報為假，幾乎難逃一死。與死間相對的是生間，也就是能活著帶回敵情的間諜。

一九七二年，蘇聯放出風聲，聲稱計畫委託美國飛機製造公司建造全球最大的噴射飛機製造廠，這筆訂單價值三億美金。波音、洛克希德和道格拉斯等公司都躍躍欲試，其中波音公司最為積極，甚至背著美國政府邀請二十名蘇聯專家前來考察、參觀。蘇聯專家的「考察」非常細緻，從飛機裝配線到相關試驗室，成功取得大量資料，包括建造巨型飛機的完整設計藍圖。然而，當蘇聯專家回國後，波音公司苦等得三億美金訂單卻杳無音訊，直到不久後才驚覺蘇聯竟利用波音提供的技術，設計、製造出了伊爾巨型噴氣式運輸機。

在軍工界，有句話流傳已久：「一代材料，一代裝備。」先進材料是高端裝備研發的關鍵，材料技術更是嚴格保密。然而，當時蘇聯並未掌握建造大飛機所需的鋁合金技術，那麼伊爾巨型運輸機又是如何誕生的？答案藏在鞋底。

蘇聯專家在「考察」時穿上特製皮鞋，鞋底能吸附飛機零件加工時掉落的金屬屑，神不知鬼不覺間，這些蘊含關鍵技術的金屬屑被帶回蘇聯。經化驗分析後，蘇聯得到了建造大飛機的主要材料鋁合金的關鍵配比。就這樣，波音公司的核心機密被拱手送給了蘇聯。這二十名蘇聯專家雖然不是專業的情報人員，卻在「考察」回國後，成功完成了「生間」的任務。

俄烏戰爭中也充斥著「用間」，案例不勝枚舉。烏克蘭國防部情報局局長布達諾夫（Kyrylo Budanov）多次公開表示，他掌握與俄羅斯總統普丁身邊的情報來源，甚至聲稱在普丁辦公室裡安插了線人，這也解釋了為何烏克蘭總能掌握俄方最新動態。布達諾夫是否真的在普丁身邊安插線人尚不得而知，但光是這個傳聞，就足以讓普丁心生疑慮。不僅如此，甚至連已故的瓦格納創始人普里戈津，也成為烏克蘭情報戰中的一枚棋子。真真假假、虛虛實實，用間與否，全都隱藏在虛實交錯之中。

用間與保密，自古以來就是無休止的角力，是一場殘酷無情的較量，更是一對永恆的矛盾。現代戰爭賦予間諜更複雜的形式和內容，間諜也以更隱匿的方式存在。

《孫子兵法》作為先秦古籍，我們不僅要學習孫武提出的軍事原則，更重要的是，應以更高的視角去理解戰爭、洞察國際局勢的風雲變幻，並透過這部古老的兵書，窺見孫武的思考邏輯，並將其運用到工作和生活之中。若能做到，這趟閱讀之旅將無比值得。

商場如戰場

# 日本綜合商社的情報策略：高效篩選資訊

「間」，就是間諜的意思。然而，〈用間篇〉不僅僅是在講解如何運用間諜，更是從更為宏觀的角度探討整個軍事情報工作。這雖然經常被大眾忽略，卻是兵家致勝的關鍵之一。

孫武強調，君主必須深刻理解運用間諜的方法，因為只有這樣，才能確保「知彼」的資訊是準確的。孫武明確地否定了幾種不可靠的情報來源：首先，向鬼神求問毫無可信度，純屬迷信；其次，單憑過去的經驗來類比現在，並不可靠；最後，在夜晚觀測天象雖能預測天氣變化，但用來占卜吉凶則毫無意義。孫武反覆強調，世界瞬息萬變，不能依賴主觀臆測，唯有依靠間諜帶回來的第一手情報，才能掌握真實局勢。

在現代法治社會，間諜活動通常涉及違法行為，並不值得鼓勵或宣揚作為商業競爭手段。然而，商業情報確實至關重要，誰能及時掌握有效情報，誰就能在競爭中搶得先機。「綜合商社」是日本特有的商業模式，商社不僅僅是單純的貿易公司，更身兼多重角色，包括：貿易、投資、市場研究、商業情報蒐集、物流與金融等，尤其是協助日本企業掌握國際商業情報，以支援日本企業的國際化和全球市場拓展。綜合商社透過累積海外市場訊息、分析國際商業趨勢、預測市場走向等方式，為企業提供可靠的商業情報，幫助企業做出明智的商業決策。

**綜合商社採取多種方式蒐集情報，例如：參與社交活動、與當地人建立關係、透過國際金融機構與業務機構獲取情報**，甚至派遣人員前往歐洲知名學府進修或考察，確保情報的全面性與多樣性。

此外，綜合商社擁有強大的情報分析能力，能夠精準預測市場走向和產業發展趨勢。透過細緻的分析，他們往往能及早調整策略，為企業創造更高的經濟效益。目前，日本最具代表性的九大綜合商社包括三菱商事、三井物產、伊藤忠商事、丸紅、日商岩井、兼松、東棉、住友商事及日綿實業。

香港著名企業家李嘉誠長年保持每天清晨閱讀報紙的習慣，這也展現出商業情報的重要性。他追求高效率，因此會先快速瀏覽新聞標題，再深入閱讀感興趣的內容。尤其是英文報導，他的團隊會翻譯成中文，確保他能掌握所有關鍵資訊。

這種精準篩選資訊的習慣，讓李嘉誠省下大量時間，專注在更重要的事務，比如深入研究感興趣的新興產業、與團隊討論戰略規畫，或者推動正在進行中的專案。他深知掌握資訊對於商業成功至關重要，同時也懂得如何有效率地篩選與運用資訊，這不僅提升了工作效率，也讓他能更有條理地應對日益複雜多變的商業環境。

對一般人而言，在資訊爆炸的時代，最重要的是保持獨立判斷的能力，避免被雜訊誤導。例如，相信數據是一種好習慣，但更重要的是辨別資訊是否來自權威、能否禁得起驗證。若企業在市場研究時採用了錯誤的數據基礎資料，那麼所做出的決策勢必也會偏離現實，甚至可能導致巨大損失。對個人而言，盲目相信不實資訊或片面之詞同樣危險。例如，有些投資人熱衷於道聽途說的「內幕消息」，自以為掌握了絕佳機會，結果卻落入陷阱；有些人輕信網路上的聳動標題，認為食品添加劑有害，卻忽略了劑量與人體代謝能力的科學概念。長期受到這類資訊誤導，生活難免充滿焦慮與困惑。因此，提升認知能力，是避免被欺騙的最佳方式。

如今，獲取知識與資訊的成本已大幅降低，一般程度的知識早已不需要付出「爵祿百金」才能獲取。

最後，孫武指出，英明的君主與優秀的將領之所以能成就大業，關鍵在於懂得任用擁有卓越智慧的人作為「間」。事實上，「用間」是古代最高明的情報蒐集手段之一。正如《孫子兵法》所言：「**知己知彼，百戰不殆。**」無論是軍事還是商業，資訊都是決策的基礎，整個團隊的行動都依賴於正確的情報。這正是《孫子兵法》開篇所強調的核心思想，也是絲毫不誇張的說法。

## 參考文獻

〔1〕馬丁·米德爾布魯克（Martin Middlebrook），《馬島戰爭：阿根廷為福克蘭群島而戰》（*Argentine Fight for the Falklands*）〔M〕，俞敏·譯，吉林：吉林文史出版社，2019.

〔2〕弗雷德里克·羅格瓦爾（Fredrik Logevall），《戰爭的餘燼》（*Embers of War: The Fall of an Empire and the Making of America's Vietnam*）〔M〕，詹涓·譯，北京：社會科學文獻出版社，2017.

〔3〕格雷厄姆·艾利森（Graham Allison），菲力浦·澤利科（Philip Zelikow），《決策的本質：還原古巴導彈危機的真相（第二版）》（*Essence of Decision: Explaining the Cuban Missile Crisis*）〔M〕，王偉光、王雲萍·譯，北京：商務印書館，2021.

〔4〕奧蘭多·費吉斯（Orlando Figes），《克里米亞戰爭：被遺忘的帝國博弈》（The Crimean War: A History）〔M〕，呂品、朱珠·譯，南京：南京大學出版社，2018.

〔5〕邁克爾·B·奧倫（Michael B. Oren），《六日戰爭：1967年6月和現代中東的創生》（*Six Days of War: June 1967 and the Making of the Modern Middle East*）〔M〕，丁辰熹·譯，北京：九州出版社，2020.

〔6〕傑生·斯特恩斯（Jason Stearns），《剛果戰爭：失敗的利維坦與被遺忘的非洲大戰》（*Dancing in the Glory of Monsters: The Collapse of the Congo and the Great War of Africa*）〔M〕，郭丹傑、呂賽賽·譯，廣西：廣西師範大學出版社，2022.

〔7〕上海市國防教育協會，《現代經典戰例》〔M〕，上海：上海遠東出版社，2020.

〔8〕胡燁，《復燃的冰川：印巴戰爭1965》〔M〕，北京：中國長安出版社，2015.

〔9〕鄭達庸，《三進巴格達：中國外交官親歷海灣戰爭》〔M〕，北京：中共黨史出版社，2015.